园林设计基础

刘　勇　主编

U0823309

中国农业大学出版社
·北京·

内容简介

本教材为广西职业教育教学改革项目“基于工作过程的‘园林设计初步’课程建设的研究与实践”（项目编号为 GXGZJG2015A036）成果教材。本书旨在为初学者提供一个进入园林景观设计领域的平台，学习者在项目实践中掌握理论知识和实操技能，为今后的学习打下坚实的基础。教材由园林景观认知、园林景观设计表现技法训练、园林景观设计形式构成训练、园林景观快题设计 4 个项目组成。教材图文并茂，融“教、学、做”为一体，具科学性、先进性、专业性、实用性、易学性等特点，利于学生学习能力、专业能力、创新能力的形成与提高。

图书在版编目(CIP)数据

园林设计基础 / 刘勇主编 .—北京：中国农业大学出版社，2019.2

ISBN 978-7-5655-2175-1

Ⅰ.①园… Ⅱ.①刘… Ⅲ.①园林设计-职业教育-教材 Ⅳ.①TU986.2

中国版本图书馆 CIP 数据核字(2019)第 041678 号

书　　名 园林设计基础

作　　者 刘　勇　主编

策划编辑 司建新　　**责任编辑** 韩元凤

封面设计 郑　川

出版发行 中国农业大学出版社

社　　址 北京市海淀区圆明园西路 2 号　　**邮政编码** 100193

电　　话 发行部 010-62818525，8625　　读者服务部 010-62732336

编辑部 010-62732617，2618　　出　版　部 010-62733440

网　　址 http://www.caupress.cn　　**E-mail** cbsszs @ cau.edu.cn

经　　销 新华书店

印　　刷 涿州市星河印刷有限公司

版　　次 2019 年 3 月第 1 版　　2019 年 3 月第 1 次印刷

规　　格 787×1 092　　16 开本　　9.75 印张　　240 千字

定　　价 59.00 元

图书如有质量问题本社发行部负责调换

编写人员

主　　编　刘　勇（广西农业职业技术学院）

副 主 编　兰　益（广西农业职业技术学院）

　　　　　陈　凯（广西农业职业技术学院）

参　　编　闭瑞金（广西农业职业技术学院）

　　　　　甘　灿（湖南农业大学东方科技学院）

　　　　　任慧敏（广西机电职业技术学院）

　　　　　易　敏（广西建设职业技术学院）

合作企业与行业协会

湖南绿道景观规划有限公司

湖南省联铭园林工程有限公司

广西春涛海绵城市科技有限公司

广西尚水园林景观工程有限公司

广西深根园林工程有限公司

广西本色园林景观工程有限公司

广西泰霖园林工程有限公司

广西冠翔建筑有限公司

广西进联德环保工程有限公司

广西优苗易购信息科技有限公司

南宁旗轩数码科技有限公司

南宁市园林行业协会

广西立体绿化植物研究中心

前言

PREFACE

深化以工学结合为核心的人才培养模式改革，是当前我国高职教育加强内涵建设的重要内容，也是实现高等职业教育人才培养目标的重要保证。为落实这种以理论与实践紧密结合为特征的教育模式和教育理念，我们基于工作过程（项目）系统化课程开发编写了本教材。

教材以工作过程为导向，以项目为载体，按照工作岗位的工作任务需求来确定内容。其基本内容设定如下：①园林景观设计的基本认识，本项目重点是让学生对园林景观能有一个初步而又全面的认识，掌握园林景观设计的造景要素及其设计方法，并能进行较深层次的园林景观评价；②园林景观设计表现技法训练，本项目着重培养学生有关园林设计的基础表现技能；③园林景观设计形式构成训练，本项目着重培养学生的创新思维，开拓学生的逻辑思维和形象思维，掌握多种形式构成方法与模式；④园林景观快题设计，本项目重点是让学生掌握园林景观快题设计的步骤及要点，能独立进行简单的快题设计。

教材图文并茂，根据工作过程任务由易到难、由简到繁进行，案例展示与技能训练同时进行，融“教、学、做”为一体。采用以项目为载体、案例分析与任务实施相结合的方式进行教学，归纳总结、触类旁通，利于学生自主学习、拓展学习，可培养学生灵活处理完成各种工作任务的能力，学习者在项目实践中掌握理论知识和实操技能，为今后的学习打下坚实的基础。

为确保教材内容能够与企业生产实际紧密结合，本教材的开发由具有丰富实践教学经验、企业实际工作经验的“双师型”教师深入到企业一线搜集资料，并与企业生产一线的专家、设计师和技术人员共同研讨确定教材内容。教材的编写得到了湖南绿道景观规划有限公司、湖南省联铭园林工程有限公

司、南宁市园林行业协会、广西春涛海绵城市科技有限公司、广西深根园林工程有限公司、广西本色园林景观工程有限公司、广西尚水园林景观工程有限公司、广西泰霖园林工程有限公司、广西冠翔建筑有限公司、广西优苗易购信息科技有限公司等企业的支持，多次派出经验丰富的专家到校共同研讨教材编写，并提供了一些项目资料和图片。教材由广西农业职业技术学院刘勇老师全面负责，广西农业职业技术学院兰益、陈凯、闭瑞金等3位老师，及湖南农业大学东方科技学院甘灿老师、广西机电职业技术学院任慧敏老师和广西建设职业技术学院易敏老师共同执笔完成。具体编写分工如下：项目一由刘勇编写；项目二由陈凯、闭瑞金编写；项目三由兰益、甘灿编写；项目四由任慧敏、易敏编写。

本书在编写过程中得到了广西农业职业技术学院各级领导的关怀和支持，在此深表感谢！编写中参考了许多相关资料和著作，采用了景观设计公司设计师的项目案例图片，还选用了大量的优秀作品，在此对所有作者表示诚挚的谢意！由于编者水平所限，难免有不妥之处，敬请各位同仁与读者多提批评指正意见。

编　者

2018年11月

目录

CONTENTS

项目一

园林景观认知

项目引言

“园林设计基础”是园林专业的一门重要专业基础课，是学生认识设计、学习设计语言、绘制设计图、展示设计方案，并走向设计师的桥梁。学生对园林景观能有一个初步而又全面的认识，从而产生对园林景观感性认识的情感，能培养学生吃苦耐劳的专业思想以及严谨的科学态度，激发学生的求知欲望，鼓励学生的创新精神。

学习目标

了解园林景观行业发展现状及前景，理解现代园林发展趋势及设计理念。准确识别园林的类型特点，并能进行较深层次的园林景观评价。熟练掌握园林设计中各要素的灵活搭配，针对不同情况进行园林构成各要素的处理。

任务一 园林景观的基本知识

【任务分析】

本任务的学习目的是让学生理解和掌握园林景观方面的理论知识，具备一定的分析问题和解决问题的能力，为今后学习专业课程奠定基础。

【任务目标】

通过本任务的学习，使学生理解园林景观的含义，了解不同园林景观的类型、特征及发展前景，掌握现代园林景观发展趋势及设计理念，并能进行较深层次的园林景观案例评价。

【任务描述】

1. 任务内容

园林景观案例鉴赏。

2. 任务标准

能准确分析、评价、总结园林景观案例的特点及其设计理念。

3. 考核形式

选取一个园林景观案例，分析其特点和设计理念，评价其优缺点，阐述学习启发，并通过PPT 的形式进行课程汇报。

【学习评价】

园林景观案例鉴赏评价标准见表 1-1。

表 1-1　园林景观案例鉴赏评价标准

序号	考核指标	评分标准	分值
1	案例特点分析	准确分析园林景观案例类型和特点	20
2	案例设计理念分析	准确分析园林景观案例设计理念和方法	20

续表 1-1

序号	考核指标	评分标准	分值
3	案例优缺点分析	准确分析园林景观案例优缺点	20
4	学习启发	从案例中找出启发自己学习发展的关键点	20
5	表现形式	PPT 画面色彩合理，构图和谐优美，文字大小、内容适宜	10
6	工作态度	按时按量完成任务	10

【知识链接】

一、园林景观与园林景观设计的含义

(一)园林景观的含义

园林景观(landscape)是指在一定的地段范围内，利用并改造天然山水地貌或者人为开辟山水地貌，结合植物的栽植和建筑的布置，从而构成一个供人们观赏、游息、居住的环境(图 1-1)。

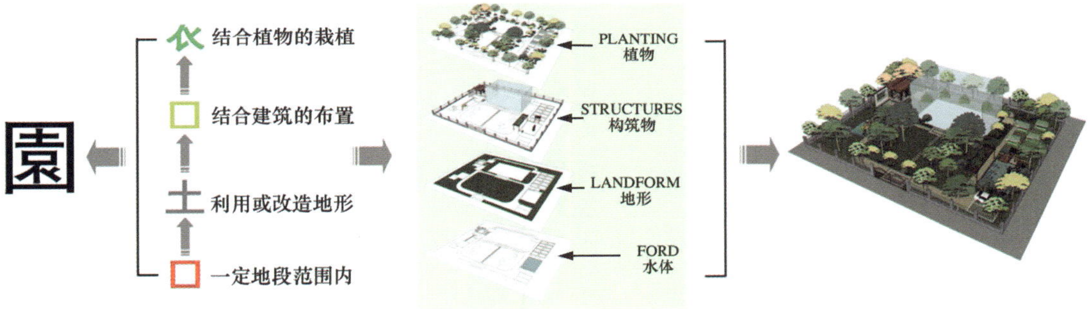

图 1-1　园林景观的构成理解

(二)园林景观设计的含义

园林景观设计(landscape design)是指为了满足一定的目的和用途，在规划的原则下，围绕园林地形，利用植物、山水、建筑等园林要素通过空间组织、景序安排、景物塑造等手法创造出具有独立风格、生机、力度、内涵的园林环境，或者说对园林空间进行组合，创造出一种新园林环境的过程(图 1-2)。

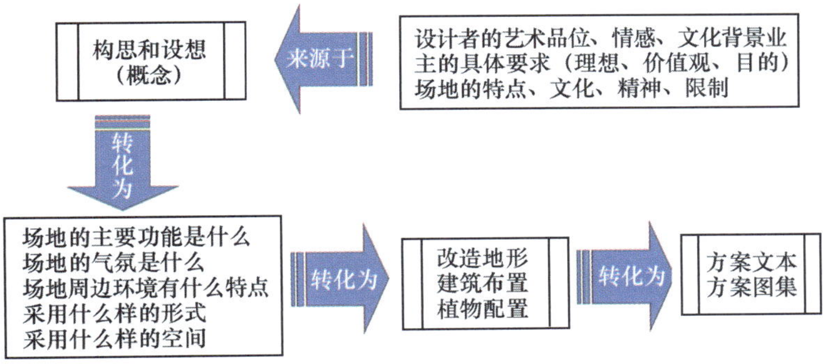

图 1-2　园林景观设计的过程

（三）园林景观设计的主要工作

（1）考虑使用与功能、技术与经济、表现与艺术等原则。

（2）研究各类型园林的特点、空间、人的活动需求及相应的工程、设备技术条件。

（3）解决园林内部各种使用功能和使用空间的合理安排。

（4）处理园林内容与形式，投资者、使用者、施工建造者、城市规划部门与设计者，局部与整体的矛盾。

二、园林景观鉴赏要素

评价园林景观的标准主要是经济、适用、美观。园林景观评价指标体系详见表1-2。

（1）经济　尽可能降低造价；满足技术要求；提供便于管理的环境。

（2）适用　满足功能要求；符合人们的行为习惯，设计必须为了人。

（3）美观　创造优美的视觉环境；创造合适尺度的空间。

表1-2　园林景观评价指标体系

对象指标	关注点	修饰词
景观空间（单个空间）	空间开合	变化自然
	边界	虚实变化自然
	天际线	轮廓明显
	形态	富于变化
	尺度	适度
	功能	适宜且丰富，符合人的行为与心理需求
空间序列（多个空间）	过渡	自然、有序
	层次	合理
	高差	对比鲜明
	体量	有大小变化，对比鲜明
地形景观	质地	饱满
	线形	流畅
	微地形	运用得当
	景观作用	明显
	工程效果	无积水、滑坡等隐患
植物组团	林缘线	进退变化有韵律
	密度	适中
	色彩	丰富、呈季相变化
	植物搭配	合理
	树形	优美
	层次	乔、灌、花、草层次自然
	位置	适宜

续表 1-2

对象指标	关注点	修饰词
园林建筑与小品	材料	有创意、省成本
	造型	创新、协调、美观
	体量	适宜
	色彩	与环境协调、统一
	质感	与环境协调、统一
	位置	适宜
	功能	景观效果明显，满足使用需求
水体景观	驳岸	符合整体风格
	面积	大小适宜
	轮廓线	流畅、优美
	层次	变化丰富
施工工艺	新工艺	有创新
	硬质景	精细
	植物	符合生物学规律

(一)行为与心理——园林景观设计是否以人为本

风景园林设计既要注重功能、形式设计的个性和风格、技术和工程，同时也不能忽视使用者的需要价值观以及行为习惯。

1. 设计与行为

行为基本上可以看作是对一定刺激的反应，刺激既可能来自行为者本身的动机、需要或倾向，也可能来自行为者之外的环境，或者这两方面的结合(图 1-3 至图 1-11)。

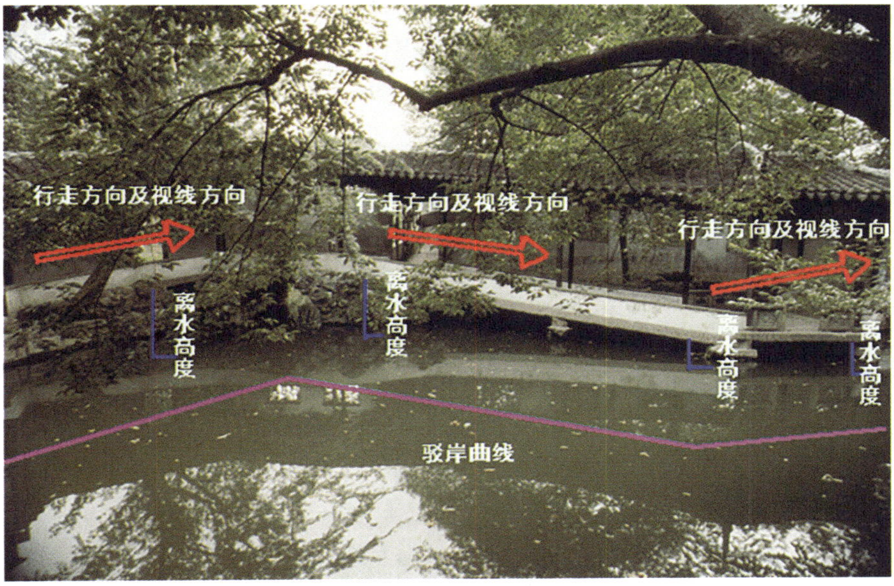

图 1-3 环境对人的行为、心理影响：驳岸线的曲折变化使得人的行走方向和观景内容产生变化；地基与水面的高差变化带来的是亲水性远近变化。

图 1-4 环境对人的行为、心理影响:矩阵的景观柱位于空间的中间位置,具有很强的向心引导力。

图 1-5 环境对人的行为、心理影响:白色的景墙在绿色的植物空间中具有很强的吸引力;景墙虚实围合的空间给人一种领域性空间暗示。

图 1-6 环境对人的行为、心理影响：不同色彩的铺装对人的行为形成“有形约束”，花岗岩铺装形成通道，黑色砾石与绿地融为一体。

图 1-7 环境对人的行为、心理影响：水边的绿篱有效防止人靠近水边，形成“栏杆”作用。

图 1-8　环境对人的行为、心理影响：草地中的条块铺地对人的行为形成不被践踏的“有形约束”。

图 1-9　环境对人的行为、心理影响：道路边界错落设置的条块给人自由选择的范围。

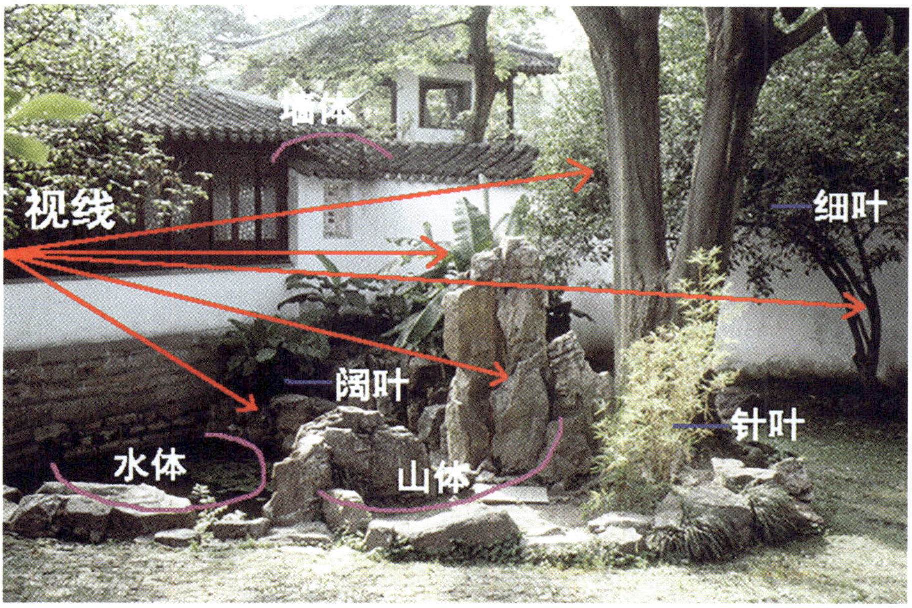

图 1-10　环境对人的行为、心理影响:不同位置的景物产生丰富的视线变化;丰富的景观内容变化带来的是注意力的改变,从而让人忘却此处为墙角。

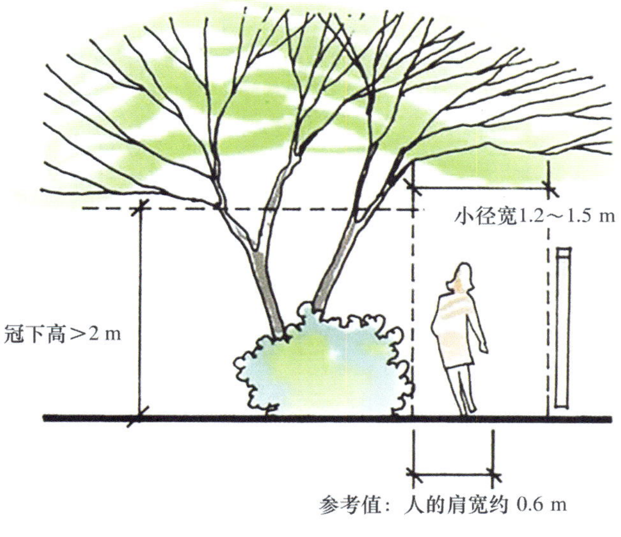

图 1-11　环境对人的行为、心理影响:行道树的选择最好第一分枝大于 2 m,道路宽度以满足人的自由活动为宜。

虽然行为不完全由环境引起,但是环境对行为有一定的作用。行为与环境之间的关系可理解为反应与刺激的关系。在研究人们一般行为特征的基础上可设计出符合人们行为习惯的环境,这种环境便于管理、能避免可能发生的破坏性行为。

通常人们希望从起点到终点之间的距离越短越好,当这种希望十分强烈时便会产生破坏性的行为，例如常常见到绿篱和栏杆的缺口、草坪上被踏出的一条条小径，因此，在设计中应能预见到有可能抄近路的路段并采取相应的措施。人们常常对当前的愿望和达到该愿望所需花费的代价进行权衡，当觉得不值得时这种愿望就会消失，因此，在设计中应尽量避免设置不力的挡拦。挡的强度应视地段的重要性、人流量的大小而定。也可以采用引导的方法，根据人流的流向将这些可能出现抄近路的地段直接用道路或铺装路面连接起来。

不利的环境条件会引起退避行为，例如杂乱的景色、难闻的气味、嘈杂的声响、不舒适的小气候条件以及不安全的场所等都会影响到使用。

在公共场合中，人们有时希望有能与别人交谈的场所，有时又希望与人群保持一定的距离，有相对僻静的小空间。因此，设计应提供相对丰富，有一定自由选择范围的环境。

2. 空间与行为

园林景观空间是指具有界限的容积范围。空间的界限与封闭性有关，主要反映在垂直要素的高度、密实度和连续性等方面。高度分为相对高度和绝对高度。相对高度是指墙的实际高度和视距的比值。绝对高度是指墙的实际高度，当墙低于人的视线时空间较开阔，高于视线时空间较封闭。空间的封闭程度由两种高度综合决定。影响空间封闭性的另一因素是墙的连续性和密实程度。同样的高度，墙越空透，围合的效果就越差，内外渗透就越强。不同位置的墙所形成的空间封闭感也不同，其中位于转角的墙的围合能力较强。见图 1-12 至图 1-18。

图 1-12　道路一侧的花池及花池中的鲜艳的植被、乔木构成了目的性的空间。

图 1-13　边界的条块围合成变化丰富的空间，同时提供了坐憩的设施。

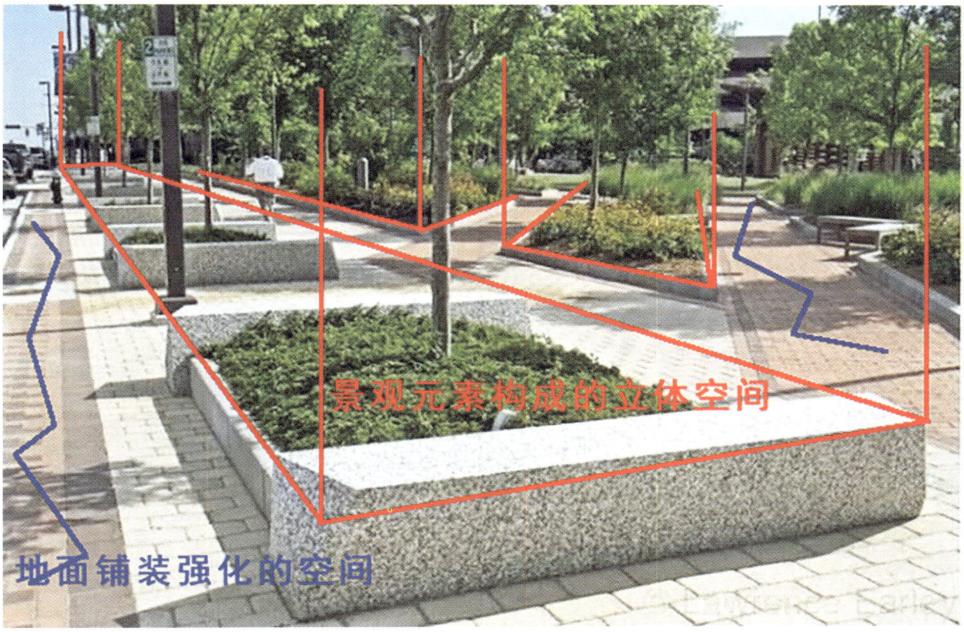

图 1-14　通过地面铺装和绿地构成不同的空间结构序列。

图 1-15 用有形的植物追求特有的空间效果。

图 1-16 利用构筑物、列植的乔木形成虚实结合的墙，从而产生空间感。

图 1-17　景石构成立体空间，具有很强的领域性。

图 1-18　景观中的木条具有边界效应，形成秘密空间。

容纳是空间的根本特性。但是,设计空间时不能局限于此,还应充分发挥自己的创造力。例如草坪中的一片铺装,因其与众不同而产生了分离感。这种空间的空间感不强,只有地这一构成要素暗示着一种领域性的空间。再如一块石碑坐落在有几级台阶的台基上,因其庄严矗立而在环境中产生了向心力。由此可见,分离和向心都形成了某种意义和程度上的空间,实体围合而成的物质空间可以创造,人们亲身经历时产生的感受空间也不难得到。

空间的大小应视空间的功能要求和艺术要求而定。大尺度的空间气势壮观,感染力强,常使人肃然起敬,多见于宏伟的自然景观和纪念性空间。小尺度的空间较亲切宜人,适合于大多数活动的开展。

为了获得丰富的园林空间,应注重空间的渗透和层次变化。主要可通过对空间分隔与联系关系的处理来达到目的。被分隔的空间本来处于静止状态,但一经连通之后,随着相互间的渗透,好像各自都延伸到对方中去,所以便打破了原先的静止状态而产生一种流动的感觉,同时也呈现出了空间的层次变化。见图 1-19 至图 1-25。

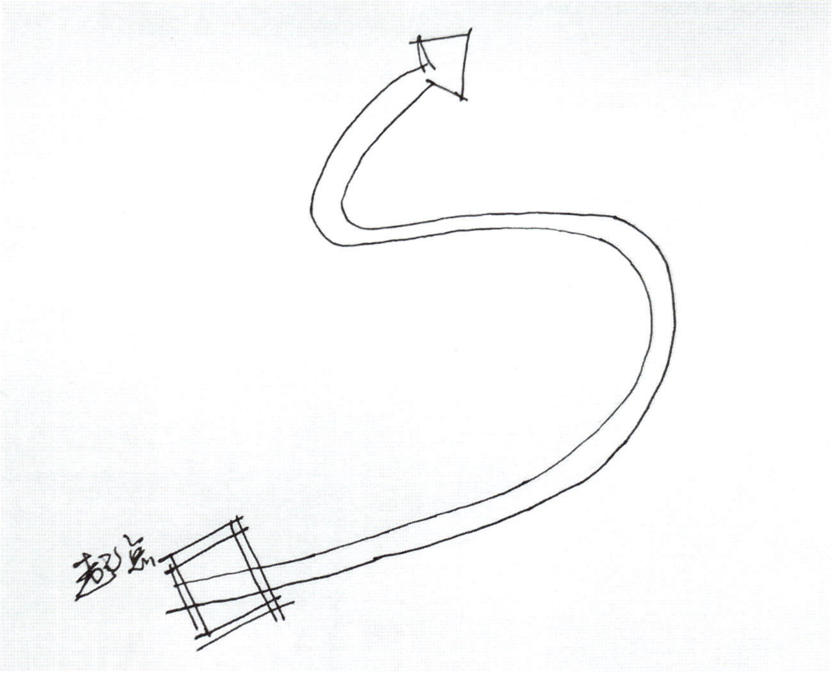

图 1-19　空间的渗透和层次变化带来丰富的园林空间变化(设计中空间节奏感的把握 1)

图 1-20　空间的渗透和层次变化带来丰富的园林空间变化（设计中空间节奏感的把握 2）

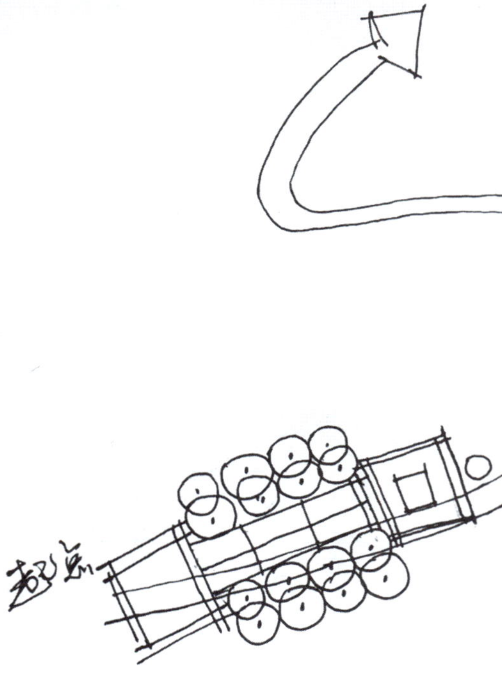

图 1-21　空间的渗透和层次变化带来丰富的园林空间变化（设计中空间节奏感的把握 3）

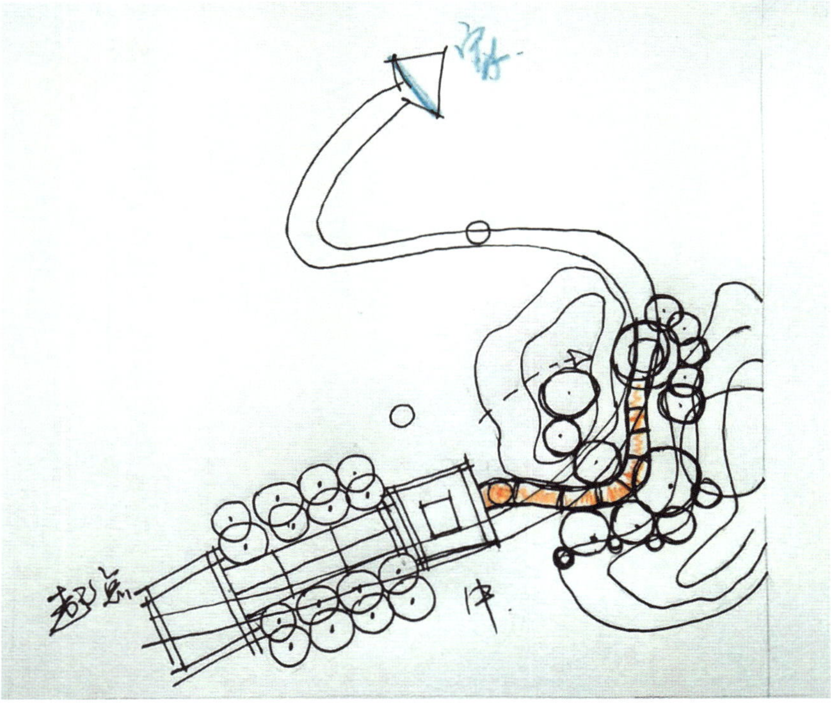

图 1-22 空间的渗透和层次变化带来丰富的园林空间变化（设计中空间节奏感的把握 4）

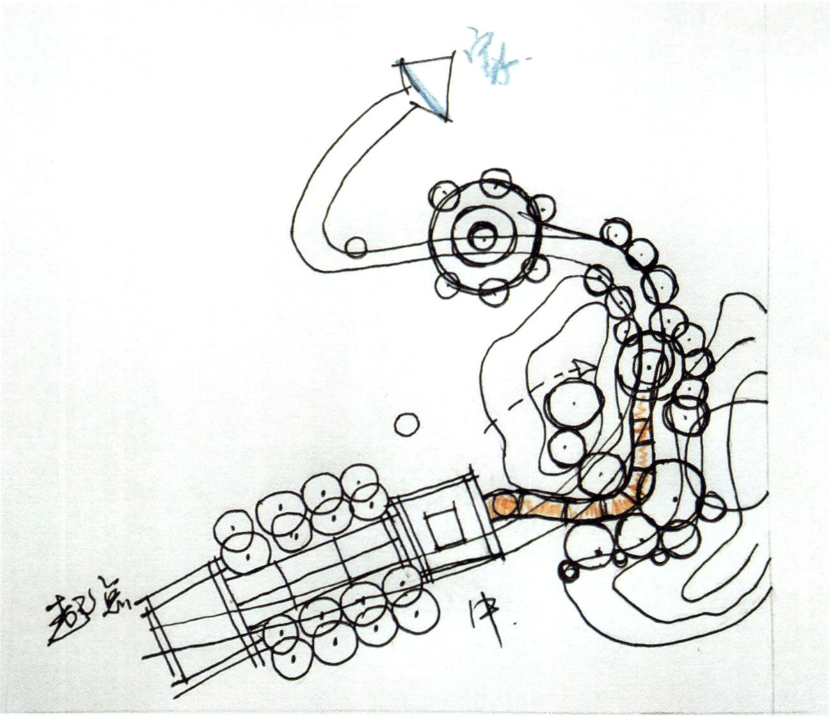

图 1-23 空间的渗透和层次变化带来丰富的园林空间变化（设计中空间节奏感的把握 5）

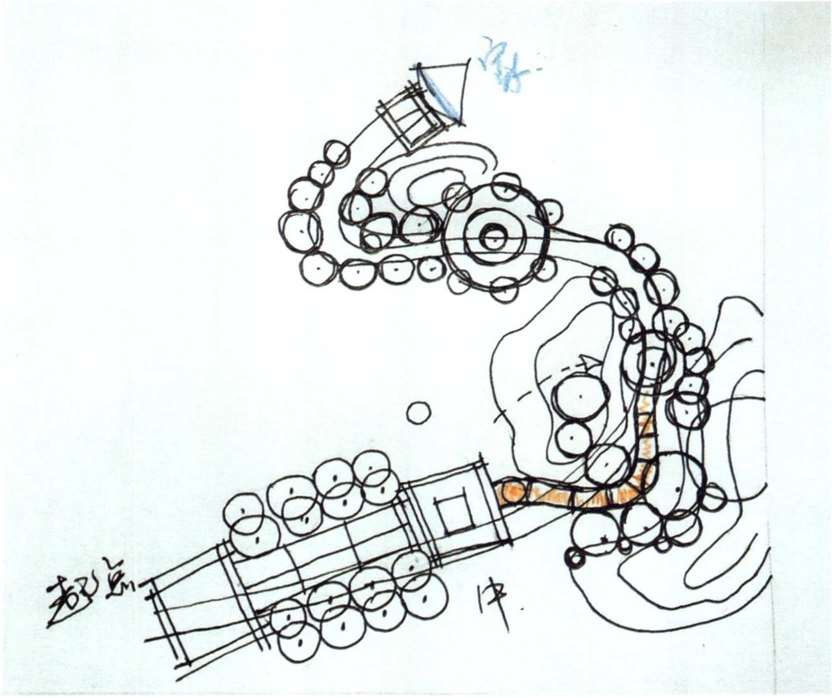

图 1-24　空间的渗透和层次变化带来丰富的园林空间变化（设计中空间节奏感的把握 6）

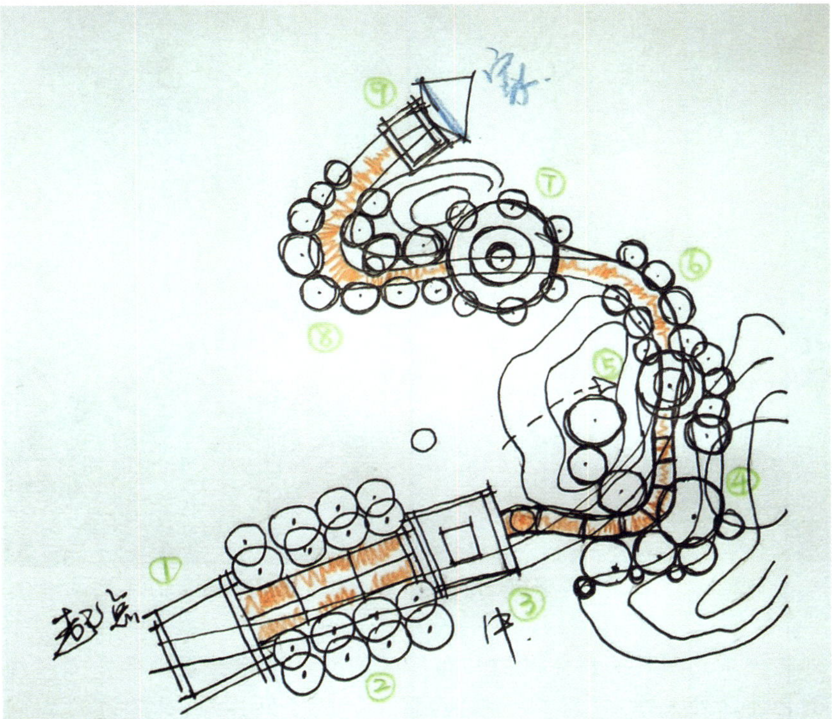

图 1-25　空间的渗透和层次变化带来丰富的园林空间变化（设计中空间节奏感的把握 7）

空间的对比是丰富空间之间的关系，形成空间变化的重要手段。当将两个存在着显著差异的空间布置在一起时，由于形状、大小、明暗、动静、虚实等特征的对比，而使这些特征更加突出（图 1-26）。

图 1-26　通常把常绿树理解为实，落叶树为虚，形成虚实的对比。

空间序列是关系到园林的整体结构和布局的问题。当将一系列的空间组织在一起时，应考虑空间的整体序列关系，安排游览路线，将不同的空间连接起来，通过空间的对比、渗透、引导、创造富有性格的空间序列。在组织空间、安排序列时应注意起承转合，使空间的发展有一个完整的构思，创造一定的艺术感染力。见图 1-27 至图 1-29。

图 1-27　“过山车”式的长廊构成室内不同的空间序列，同时平面的曲折布置将广场划分出不同的空间序列。

图 1-28　0～10 m 为开阔空间，10～15 m 为紧凑空间，15～25 m 再为开阔空间，形成开—合—开的空间序列。

图 1-29　人由开阔空间进入构筑物营造的紧凑空间，再过渡到远端的开阔空间，做到了空间的收放。

3. 视觉规律

控制园林景观空间，使之不至于因空间过分空旷或闭塞而削弱景观效果，要注意以下的视觉规律：在各主要观景点与所赏景的控制视锥为 60°～90°，或视角比值 H∶D（H 为景观对象的高度，D 为视点与景观对象之间的距离）在 1∶(1～3)之间，视角比值大于 1∶1，则在心理上产生紧迫和闭塞的感觉，小于 1∶3则又产生散漫和空旷的感觉。见图 1-30 至图 1-34。

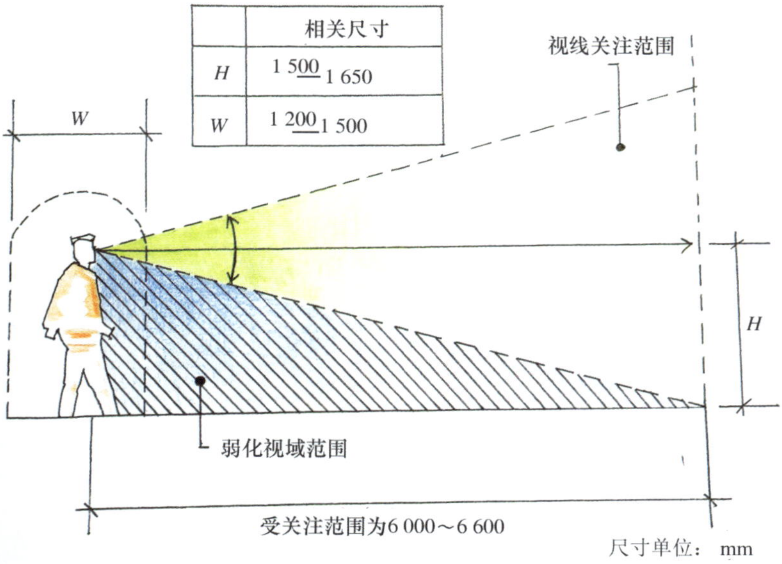

图 1-30　环境对人的行为、心理影响：人的观赏视觉规律。

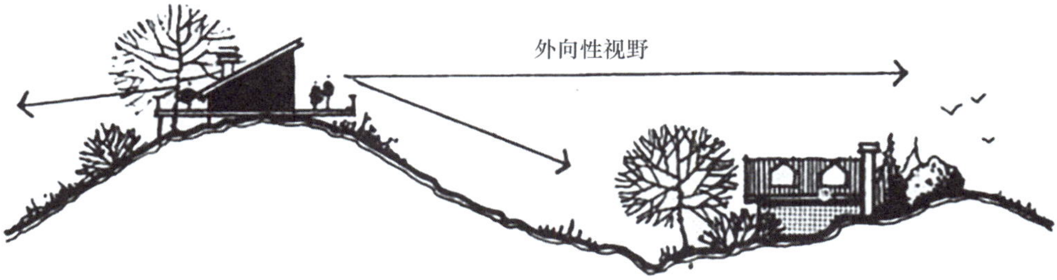

图 1-31　视觉规律:凸地形提供了视野的外向性。

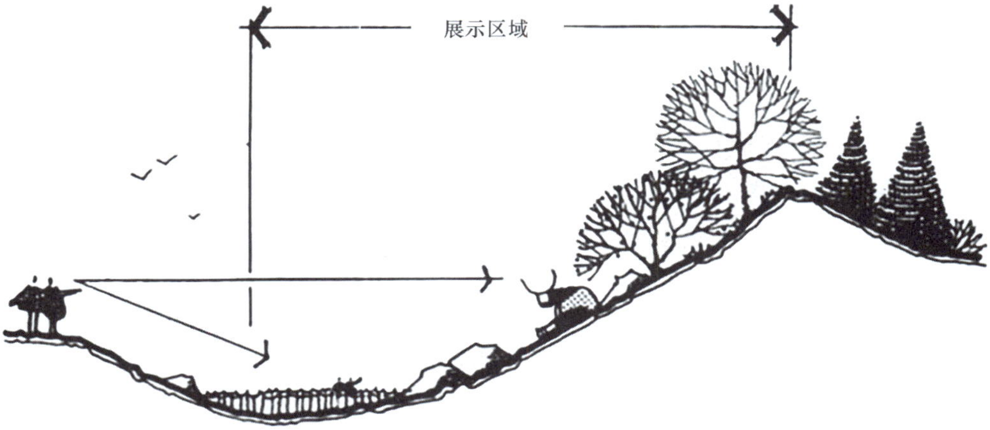

图 1-32　视觉规律:倾斜的坡面是很好的展示观赏因素的场所。

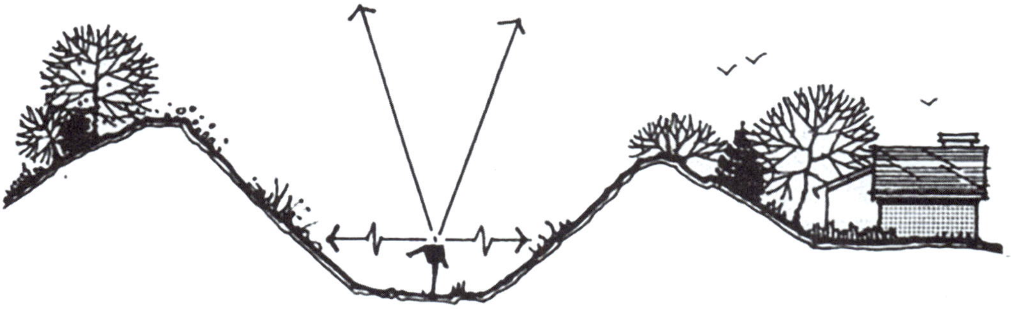

图 1-33　视觉规律:地形的边界封闭了视线,造成孤立感和私密感。

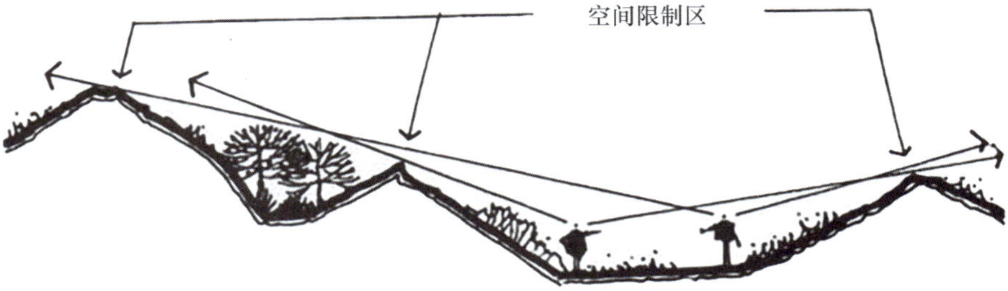

图 1-34 视觉规律:随着人的位置变化其视线也随不同空间的限制性发生变化。

(二)形式美法则——园林形象是否美观

园林形象可以简单地理解为园林景观的观感或美观问题。园林形象的表现是通过地形、水、植物、建筑等要素组合实现的。如何组织这些要素创造优美的园林景观、构成秩序空间就需要掌握形式美法则。

1. 比例和尺度

比例是指园林景观各部分之间、整体和局部之间、整体和周围环境之间的大小关系。园林形象所表现的各种不同比例特点常和它的功能内容、技术条件、审美观点有密切关系。关于比例的优劣很难用数字作简单的规定。所谓良好的比例,一般是指园林形象的总体以及各部分之间,各要素之间和要素本身的长、宽、高之间具有和谐的关系。见图 1-35 至图 1-38。

图 1-35 靠山的亭立面造型为重檐,其目的是为了与假山的高度形成一定比例关系,达到和谐。

图 1-36　树池高度满足坐憩的尺度。

图 1-37　景观雕塑通过放大尺度形成富有表现力的视觉语言,在环境中更具有意境。

图 1-38　大门的两根立柱因材料与虚实的比例关系达到协调。

尺度是景物与人的身高、使用活动空间的度量关系。这是因为人们习惯用人的身高和使用活动所需要的空间为视觉感知的度量标准，如台阶的宽度不小于 30 cm（人脚长），高度为 12～19 cm 为宜，栏杆、窗台高 90 cm。在园林里如果人工造景尺度习惯超越人们习惯的尺度，可使人感到雄伟壮观；如果尺度符合一般习惯要求或者较小，则会使人感到小巧紧凑、自然亲切。

2. 对比与调和

事物总是通过比较而存在的，差异程度显著的表现称对比。对比可使景物或各要素彼此对照，互相衬托，更加鲜明地突出各自的特点。对比需要一定的前提，即对比的双方总是针对某一共同的因素或方面进行比较。园林中的对比常见于：形象、体量、方向、空间、明暗、虚实、色彩、质感等方面。调和可看作是极微弱的对比，它使景物彼此和谐，相互联系，产生完整的效果。园林形象要求在对比中求调和，在调和中求对比，使景色既丰富多彩，又突出主题，风格协调。见图 1-39 至图 1-44。

图 1-39　绿色草地与白色铺装形成强烈对比，但因为色彩面积大小差异，使两组色彩明亮且无冲突感。

图 1-40　景墙中的橘红色与黑色、白色形成强烈对比，因其虚实关系达到和谐统一。

图 1-41　景墙与植物形成的色彩对比，穿插在景墙中的植物起到协调作用。

图 1-42　矩形树池与弧形树池形成形状对比，红色与灰色形成色彩对比，因重复的乔木起协调作用而和谐统一。

图 1-43　重复排列的形状和色块对黑色与灰色的对比进行调和。

图 1-44　色彩的强烈对比，因体量和线形而和谐。

3. 均衡与稳定

园林景观中的均衡是指园林景观布局中的左与右、前与后的轻重关系等，要给人安定、平衡和完整的感觉。均衡最容易用对称布置的方式来取得，也可以用不对称的方式来取得。见图 1-45 和图 1-46。

图 1-45　两块大小不等面积的铺地，因不同形式和材料的使用，两侧景观取得均衡，但细节中有变化。

图 1-46　以通道为中轴线，两侧景观呈对称式布置，整个景观规整、均衡、严谨、庄重。

稳定是指物体的上下关系在造型上所产生的一定艺术效果。园林景观布局中，往往在体量上采用下面大，向上逐渐缩小的方法来取得稳定坚固感；另外，也可利用材料、质地、色彩给人不同的重量感来获得稳定感。

4. 韵律和节奏

自然界中有许多现象，常是有规律地重复出现的，如海潮，一浪一浪向前颇有节奏感。韵律和节奏即是某一因素做有规律的重复和有组织的变化。园林景观中出现的韵律和节奏种类很多，如简单韵律、交替韵律、渐变韵律、起伏曲折韵律等。见图 1-47 至图 1-50。

图 1-47　廊架中的圆形元素重复运用形成节奏感。

图 1-48　自然景石的重复运用，并通过大小、体量、高差的变化产生韵律感。

图 1-49 曲线的重复产生节奏和韵律。

图 1-50 重复运用色彩、形状与材质形成节奏与韵律。

上述有关园林形式美的基本原则，是人们在长期园林景观实践中的积累和总结，这些原则对于园林景观艺术创作有着重要的理论意义。运用这些原则时要注意园林自身的特点，结合主体、自然、时间、环境等因素综合考虑。我们创造的园林既要满足社会物质生活的需要，也要体现时代的精神和特征。

三、现代园林景观设计理念发展趋势

（一）以自然为主体

随着自然生态系统的严重退化和人类生存环境的日益恶化，社会对人与自然的关系认识发生了根本变化。人类从过去作为自然界的主宰，转变为现在成为自然界的一员。与此相适应的是，设计师过去将自然看作是原材料，现在则倾向于将自然作为设计的主体。现代园林景观设计所追求的是减少、甚至是没有人类参与而由自然形成的真正的自然场所，所谓虽由人作，宛自天开。

（二）以生态为核心

生态园林景观是当代园林建设的发展趋势，它以保持生态平衡、美化环境、减少生态环境灾害为主。主张因地制宜、适地适栽，遵循生态学原理。具体有以下几方面：

(1)生态园林景观的主体是自然生物群落或模拟自然生物群落。要使园林景观稳定、协调发展、维持生态平衡和改善人们居住的生态环境，就必须保证园林类型的多样化、园林空间的异质性和园林景观的生物多样性。

(2)强调利用生态系统的循环和再生功能，构建城市园林绿地系统，如养分和水的循环利用，避免对不可再生资源的利用。

(3)最大限度地发挥材料的潜能，减少因生产、加工、运输材料而消耗能源，减少施工中的废弃物。

(4)设计中多运用乡土植物，尊重场地上的自然再生植被，节制引用外来物种。自然有它的演变和更新的规律，从生态角度看，自然群落更健康，更有生命力。

（三）以地域为特征

地域性景观是指一个地区自然景观与历史文脉的总和，包括气候特点、地形地貌、水文地质、动植物资源等构成的自然景观资源条件及人类作用于自然所形成的人文景观遗产等。园林景观设计的要旨就是要再现本地区的地域景观特征，包括自然景观和人文景观。景观设计应从大到一个区域、小到场地周围的自然和人文景观类型和特征出发，充分利用当地独特的自然和人工景观元素，营造出适合当地自然和人文条件的景观类型，以及适应当地生活习俗的观察和利用景观的方式。

（四）以场地为基础

任何场地都具有大量显性或隐性的景观资源。作为园林景观设计师不仅要具备各种相关的专业知识，尤其还要具备对景观敏锐的观察能力，以及对景观变化机理的洞察能力。园林景观设计师首先要深入细致地了解并理解场地，努力把场地含有的各种信息都收集、归纳并联系起来，将场所的重要特征加以提炼并运用于设计之中。同时，应该能够预见场地整治的变化方向，始终明确场地的改变过程。实际上，园林景观设计的眼光本身就是设计过程。

（五）以空间为骨架

景观是由实体和空间两部分组成的，空间是风景园林设计的核心。所有景物都属于某个彼此紧密相连的空间体系，并以此把景观空间与实体区分开来。

空间的特性来自该空间与其他空间的相互关系。在一个空间内部，如果继续以该空间的边界为参照的话，还应存在着一些亚空间，又与其亚边界相联系。因此，园林景观设计不能轻易地破坏各种景观边界在空间中存在的形态。景观空间具有一定的扩展能力，它们以某种方式与邻里空间共同存在、同被欣赏，形成某种空间联合体。地平线是景观空间的边界，随着观察者的运动，它也在不断地运动变化。因此，园林景观设计不仅要关注空间本身，更要关注该空间与周边空间之间的联系方式，即一个空间以何种方式转换到邻里空间，然后再以何种方式转换到下一个邻里空间。如此由近至远，逐渐抵达遥远的地平线，从而形成相互之间有机联系的整体性景观。

(六)以简约为手法

简约的设计手法就是要求用简要概括的手法，突出风景园林设计的本质特征，减少不必要的装饰和拖泥带水的表达方式。

简约应该是园林景观设计的基本原则之一，简约手法至少包括 3 个方面的内容：一是设计方法的简约，要求对场地认真研究，以最小的改变取得最大的成效；二是表现手法的简约，要求简明和概括，以最少的景物表现最主要的景观特征；三是设计目标的简约，要求充分了解并顺应场地的文脉、肌理、特性，尽量减少对原有景观的人为干扰。所谓最优秀的设计作品就像没有经过设计一样。园林景观设计师们越来越倾向于用简约的方法去整治空间，正如老子说的：无为而无不为。实际上并没有一无是处的空间，它同样在演变，同样拥有某种吸引力。最低劣的空间在某种程度上也可能具有一些积极的方面。中国风景园林师更应注重简约的设计风格，不要轻易地去改变空间，而应充分认识并展示空间的个性特征。

任务二 园林景观的基本构成要素

【任务分析】

本任务的学习目的是让学生掌握园林构成各要素的处理方法，能针对不同情况进行园林构成各要素的布局搭配和处理。

【任务目标】

通过本任务的学习，使学生了解园林构成要素内容和各要素类型；熟悉并理解各要素在园林中的作用，进而掌握园林构成各要素的处理方法。

【任务描述】

1. 任务内容

园林景观构成要素作用分析。

2. 任务标准

能准确分析、评价、总结园林景观构成要素所发挥的景观作用。

3. 考核形式

选取一个园林景观案例，分析其景观构成要素所发挥的景观作用，评价其优缺点，阐述学习启发，并通过 PPT 的形式进行课程汇报。

【学习评价】

园林景观构成要素作用分析评价标准见表 1-3。

表 1-3 园林景观构成要素作用分析评价标准

序号	考核指标	评分标准	分值
1	案例特点分析	准确分析园林景观案例类型和特点	20
2	案例设计理念分析	准确分析园林景观案例构成要素所发挥的景观作用	20
3	案例优缺点分析	准确分析园林景观案例优缺点	20
4	学习启发	从案例中找出启发自己学习发展的关键点	20
5	表现形式	PPT 画面色彩合理，构图和谐优美，文字大小、内容适宜	10
6	工作态度	按时按量完成任务	10

【知识链接】

构成园林景观实体的四大要素为地形、水、植物以及建筑与小品。它们相辅相成，共同形成园林景观，构成园林空间。

一、地形

地形是园林中诸要素的基底和依托，是构成整个园林景观的骨架，直接关系着建筑物的功能和形态、植物的选择和分布、地面的铺装、水体的形态等众多景观因素。地形本身也是景观的设计元素，利用地形的不同形态、高差变化可以打造富有区域特色的环境景观。见图 1-51 至图 1-56。

图 1-51 创造起伏的景观地形，既可以解决高差的问题，也可以成为独特的景观。

图 1-52　利用地形造景，构成丰富地形形态，增强空间的层次感。

图 1-53　基于原有地形改造，强化台阶地形景观，更具有艺术感染力。

图 1-54 强化地形造景，形成艺术感染力。

图 1-55 结合护坡设计挡土墙，满足排水、滑坡要求，也突出微地形特征。

图 1-56 坡地上挡土墙的艺术处理提升了地形景观的效果。

(一)地形的功能作用

1. 地形改造

在地形设计中首先必须考虑的是对原地形的利用。结合基地地形和分析的结果，合理安排各种坡度要求的内容，使之与基地地形条件相吻合。地形设计的另一个任务是进行地形改造，使改造后的基地地形条件满足造景的需要，满足各种活动和使用的需要，并形成良好的地表自然排水类型，避免过大的地表径流。

2. 地形、排水和坡度

地形可看作由许多复杂的坡面构成的多面体。地面的排水由坡面决定，在地形设计中应考虑地形与排水的关系，以及不同用途条件下地表面对坡度的不同要求。地形过于平坦不利于排水，容易积涝，破坏土壤的稳定。但是，若地形起伏过大或坡度不大但同坡度的坡面延伸过长时，则会引起地表径流，产生坡面滑坡。因此，地形起伏应适度，坡长适中。

(二)地形和视线

地形的起伏不仅丰富了园林景观，而且还创造了不同的视线条件，形成不同的空间。地形有平坦地形、凸地形和凹地形之分，它们在组织视线和创造空间上具有不同的作用。

1. 平坦地形、凸地形和凹地形

(1)平坦地形　平坦地形是指土地的基面在视觉上与水平面相平行。一方面，平坦地形本身存在着一种和水平面的协调，使其很自然地符合外部环境。另一方面，任何一种垂直线形的元素，在平坦地形上都会成为一个突出的元素，并成为视线的焦点。

(2)凸地形　若地形比周围环境的地形高,则视线开阔,具有延伸性,空间呈发散状,此类地形称凸地形。它一方面可组织成为观景之地,另一方面因地形高处的景物往往突出、明显,又可组织成造景之地。

(3)凹地形　若地形比周围环境的地形低,则视线通常较封闭,且封闭程度决定于凹地的绝对标高、脊线范围、坡面角、树木和建筑高度等,空间呈积聚性,此类地形称凹地形。凹地形的低凹处能聚集视线,可精心布置景物。凹地形坡面既可以观景也可以布置景物。

2. 控制视线

地形可用来控制人的视线、行为等,但必须达到一定的体量。具体可采用挡和引的方式,地形的挡和引应尽量利用现状地形,若现状地形不具备这种条件则需权衡经济和造景的重要性后采取措施。引导视线离不开阻挡,引导既可是自然的,也可是强加的。

3. 利用地形分隔空间

利用地形可以有效、自然地划分空间,使之形成不同功能或景观特点的区域,在此基础上若再借助植物则能增加划分的效果和气势。利用地形划分空间应从功能、现状地形条件和造景几方面考虑,它不仅是分隔空间的手段,而且还能获得空间大小对比产生的艺术效果。

4. 地形的背景作用

凸、凹地形的坡面均可作为景物的背景,但应处理好地形与景物和视距之间的关系,尽量通过视距的控制,保证景物和作为背景的地形之间有较好的构图关系。

5. 地形影响导游路线和速度

地形可被用在外部环境中,影响行人和车辆运行的方向、速度和节奏。在园林设计中,若需人们快速通过的地段,可使用平坦地形;而要求人们缓慢经过的空间则宜采用斜坡地面或一系列高差变化;当需游人完全停留下来时,那就会又一次使用平坦地形。

(三)地形造景

地形不仅始终参与造景,而且在造景中起着决定性的作用。

虽然地形始终在造景中起着骨架作用,但是地形本身的造景作用并不突出,常常处在基底和配景的位置上。为了充分发挥地形本身的造景作用,可将构成地形的地面作为一种设计造型要素。地形造景强调的是地形本身的景观作用,可将地形组合成各种不同的形状,利用感受阳光和气候的影响创造出艺术作品,可将其称之为“地形塑造”“大地艺术”或“大地作品”。

二、水体

水景是园林中一个永恒的主题。一方面水景是富有高度可塑性和弹性的设计元素,丰富的水景设计带给人不同的空间感受和情感体验;另一方面,在水景设计中可充分利用水的各种特性,如不同深度水色的变化、水面的反光、倒影、水声等,再结合周围的环境综合考虑,使园林环境增加活力和乐趣。见图 1-57 至图 1-64。

图 1-57　几何式的水体简洁而沉静，水中的植物和汀步增加了水面的层次感。

图 1-58　多杆乔木、黑色山体与灰色的背景墙相互辉映，有种令人心灵沉淀的感觉。

图 1-59　蜿蜒的驳岸、葱绿的植物营造的具有自然气息的水域景观。

图 1-60　结合景墙的动态水景，体现动态美。

图 1-61 开阔的水面令人心旷神怡。

图 1-62 石墙形成的叠水，其潺潺流水声别有一番意境。

图 1-63　波光粼粼的水面带着一股生气，清澈的水倒映彩叶植物形成一派景影映衬的画卷。

图 1-64　景墙上的水帘为爱水的人提供了一个亲水的凉爽降暑之处。

(一)水的形成

园林中的水景按水体的形式可分为自然式水体和规则式水体：

(1)自然式水体　河、湖、溪、泉、瀑布等。

(2)规则式水体　池、喷泉、水井、壁泉、跌水等。

水景设计中的水有平静的、流动的、跌落的和喷涌的4种基本形式。平静的水体属于静态水景，给人以安静、明洁、开朗或幽深的感受；流动的、跌落的和喷涌的水体属动态水景，给人以变幻多彩、明快、轻松之感，并具有听觉美。

(1)平静的水体　湖泊、水池、水塘等。

(2)流动的水体　溪流、水坡、水道、水涧等。

(3)跌落的水体　瀑布、水帘、壁泉、水梯、水墙等。

(4)喷涌的水体　喷泉、涌泉等。

(二)水的几种造景手法

1. 基底作用

大面积的水面视域开阔、坦荡，有托浮岸畔和水中景观的基底作用。当水面不大，但水面在整个空间中仍具有面的感觉时，水面仍可作为岸畔或水中景物的基底，产生倒影，扩大和丰富空间。

2. 系带作用

水面具有将不同的园林空间、景点连接起来产生整体感的作用；将水作为一种关联因素又具有使散落的景点统一起来的作用。前者称为线形系带作用，后者称为面形系带作用。

3. 焦点作用

喷涌的泉水、跌落的瀑布等动态水体的形态和声响能引起人们的注意，吸引人们的视线。在设计中除了处理好它们与环境的尺度和比例的关系外，还应考虑它们所处的位置。通常将水景安排在向心空间的焦点上、轴线的交点上、空间的醒目处或视线容易集中的地方，使其突出并成为焦点。可以作为焦点水景布置的水景设计形式有：喷泉、瀑布、水帘、水墙、壁泉等。

4. 整体水环境设计

整体水环境设计是一种以水景贯穿整个设计环境，将各种水景形式融于一体的水景设计手法。它与以往所采用的水景设计手法不同，这种以整体水环境出发的设计手法，将形与色、动与静、秩序与自由、限定与引导等水的特征和作用发挥得淋漓尽致，并且开创了一种能改善城市气候、丰富城市景观和提供多种目的于一体的水景类型。

(三)水体景观设计要点

(1)任何一种水景设计，不能单从观赏的角度来考虑，而应从全局入手来考虑场地特征，紧密结合当地地理条件、气候和土地使用方式来进行设计。

(2)人工水景设计时，要首先考虑不破坏自然环境，人工水体应与原有的自然环境共融共生。若场地中已有自然水体的存在，在对水体进行改造和设计时应尽量与原自然水体的流向和水岸线一致，保护原生植被和动物。

(3)设计时应充分发挥水的多面特性，结合水光、水色、水声、小品等元素使水景更具观赏性。考虑水体与树木花草、飞鸟走兽、行人、天空云影、星光月色等的映照关系，营造富有意境的水体景观。

(4)在设计曲线形水景时，驳岸线应运用流畅而平滑的曲线，满足水体平稳运动的需求，避免因不当的弯曲角度造成水流冲刷。水体底部尽可能用天然素土，且与地下水连通，能够提高水体自洁更新的能力。

(5)控制人工水景的规模，考虑水体与整体环境的比例关系是否协调，水体过大会增加水景后期维护成本。尤其是跌水景观不求大只求精，可以时常更新水质，被更换的水用于园林内的绿地灌溉，可有效控制运行成本，减少水质污染和水浪费。

(6)人有亲水的本能，设计水景时要考虑满足人亲水的需求，包括水体池岸的高度、水的深浅、水体形式是否适合人近距离接触。考虑提供人亲近水的空间和方式，可设置水上或水中交通线路，通过亲水平台、梯步、汀步、桥、栈道、堤岸、岛屿、舟船等方式实现人与水的交流。

(7)在设置亲水条件的同时，注意深度较大的水体要考虑安全防护措施。相关的规范要求：硬底人工水体距岸边、桥边、汀步边以外宽 2 m 的带状范围内，要设计为安全水深，即水深不超过 0.7 m，否则应设栏杆。无护栏的园桥、汀步附近 2 m 范围以内的水深不得大于 0.5 m，在住宅区中的安全水深一般为 0.3～0.4 m。较深的水体不设置近距离接触水体的活动区域，必要的情况下采用绿化或栏杆等方式进行隔离。水中交通路径要使用护栏，采用防滑防腐材料铺装路面，并通过指示牌、路灯等设施，保证在水边活动的人的安全。

三、植物

植物是园林景观设计中的重要元素，具有很强的观赏性和功能作用，它能给环境带来生命力和活力，给人们带来美好的视觉享受和心理感受(图 1-65 至图 1-72)。

图 1-65　同一品种的植物树形统一，使得杂乱的建筑和谐统一。

图 1-66 植物的框景作用

图 1-67 植物作为背景给景观雕塑增强了识别作用。

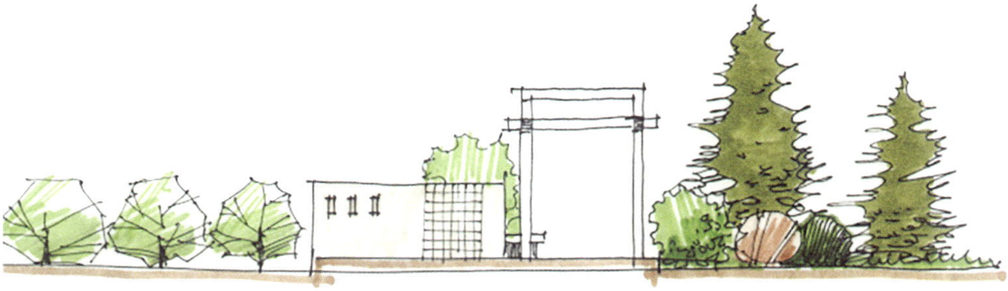

图 1-68 植物弱化建筑立面，丰富了景观轮廓线。

图 1-69　不同树形的植物强化了构筑物。

图 1-70　植物的大小、高低、粗细，常绿与落叶，叶片的大小、质感、色彩，花期以及天际线、林缘线、投影线，具有丰富活泼的变化。

图 1-71　乔灌结合的植物配置“源于自然而又高于自然”，提供了多方位的观赏角度。

图 1-72　独具造型的乔木独立成景，其分枝成为了空间的视觉焦点。

(一)植物在园林景观中的功能作用

1. 围合形成空间

植物组合可以起到限定和划分空间的作用。不同高度、种类的植物通过不同的组合方式能形成丰富的空间类型。如利用低矮的灌木和地被植物可以形成视线通透、外向、限定程度低的开敞空间;利用低矮灌木、地被植物搭配高大乔木形成的半开敞式空间;运用树冠开阔浓密的树木形成四面开敞、顶面覆盖的空间;运用灌木、地被植物、高大乔木形成的四面和顶部皆围合的封闭空间,此类空间有内向性、隐秘性的特点;运用高而细的树木形成立面围合、顶部透空的空间。这些空间不会是一成不变的,随着季节的变化,植物的形态、色彩,枝叶的繁盛程度也会随之发生变化,从而使空间形态产生丰富的变化。

2. 遮挡不利景观元素

植物可以完善空间,遮挡和软化景观环境中生硬的线条且视觉效果不佳的因素,是遮挡不良环境因素的天然屏障,可以减少城市中的噪声、灰尘、有害气体对景观空间的侵扰。

3. 解决许多环境问题

降低城市光辐射、吸附尘埃、净化空气、调节温度和湿度、防止水土流失,为动物提供生养栖居环境。

4. 美化环境的作用

植物具有很强的观赏特性,因此常常成为视觉审美的中心。植物具有丰富多样的美,无论是姿态、枝叶、花朵、果实、气味,还是风吹树叶声响、林间穿梭的鸟的啼鸣,都能给人们带来视觉、嗅觉、听觉、味觉上的愉悦和享受。植物是富有生命力的景观要素,它的形态、色彩、质地会随时间的推移、季节的转换而不断生长改变,带给人们不同的视觉感受和心理体验。

以植物为设计素材进行园林景观的创造是园林设计所特有的。由于植物是具有生命的设计要素,因此,利用植物材料造景在满足功能及艺术需要的同时,更应考虑到植物本身所需的环境以及与其他植物的关系,恰当地选择植物。

(二)植物设计基本方法

1. 植物品种的选择

由于植物生长习性的差异,不同植物对光线、温度、水分和土壤等环境因子的要求不同,抵抗劣境的能力也不同。因此,应针对某地特定的土壤、小气候条件安排相适应的种类,做到适地适树。

2. 植物配置方式的选择

植物的配置按平面形式分为规则的和不规则的两种,按植物数量分为孤植、丛植、群植几种形式。植物配置首先应熟悉植物的大小、形状、色彩、质感和季相变化等内容,综合考虑植物材料间的形态和生长习性,既要满足植物的生长需要,又要保证能创造出较好的视觉效果,与设计风格和环境相一致。

四、园林景观建筑与小品

园林景观建筑与小品在园林中起到画龙点睛的作用，它们具有使用和造景的双重作用。在布局中首先应注意满足使用功能的要求，其次应当满足造景的需求，当然，还应使建筑室内外相互渗透，与自然环境有机融合。同时还应注意功能与景观的协调。

园林景观建筑的形式种类是非常丰富的，常见的有亭、廊、水榭、花架、塔、楼、舫等。

园林景观小品指的是在园林景观环境中为数众多、体量不一、功能不同、分布面广、造型别致、具有较强装饰性的景观构筑物、装饰物。常见的有座椅、阶梯、围墙、照明设施、指示牌、道路铺装等。

（一）园林景观建筑

1. 亭

亭是园林中最常见的一种建筑形式，《园冶》中说："亭者，停也。所以停憩游行也。"可见亭是供人们休息、赏景而设的。亭的形式繁多，布局灵活，山地、水际或平地都可设亭。亭的设计应注意其体量与周围环境的协调关系，不宜过大或过小，色彩及造型上应体现时代性或地方特色。见图 1-73 至图 1-80。

图 1-73　玻璃材料的屋顶使得亭子具有现代感，但其形态特征和功能依然如故。

图 1-74　草顶、木柱的亭更加接近自然。

图 1-75　竹材料做成的亭与周边环境融为一体。

图 1-76　圆形造型的亭

图 1-77　重檐屋顶的亭显得挺拔。

图 1-78　攒尖顶是亭的典型造型屋顶，其优美的曲线是亭子的主要观赏点。

图 1-79　现代材料制作的亭保留亭的功能，其视觉效果则完全不一样。

图 1-80　五只象构成造型的五象亭

2. 廊

廊在园林中除了起到遮阳避雨、供游人休息的作用外，其重要的功能是组织游人观赏景物的导游线路，通过它的艺术布局，将一个个建筑、景点、空间串联起来，形成一个有机的整体。同时，廊本身的列柱、横楣在游览路程中形成一系列的取景边框，增加了景深层次，浓化了园林趣味。见图 1-81 至图 1-84。

图 1-81　双面空廊既是通道，又是浏览路线，能两面观景和分隔空间，是最常用的廊。

图 1-82 单面空廊一边面向主要景色，另一边设墙或附属其他建筑物，利用墙面处理，达到掩映、透漏、敞空的作用。

图 1-83 复廊是在双面空廊的中间隔一道各种式样的漏窗之墙，用于划分各种不同的环境，产生不同的感受。

图 1-84 利用地基高差变化和平面的曲折变化，产生丰富的观赏角度。

廊的形式丰富多样，其分类方法也较多。若按廊的经营位置可分为平地廊、爬山廊、水廊；按平面形式可分为直廊、曲廊和回廊；而按廊的内容结构则可分为空廊、平廊、复廊、半廊等形式。

3.水榭

水榭是一种临水建筑，常见形式是在水岸边架起一平台，部分伸出水面，平台常以低平的栏杆或鹅颈靠相围，其上还有单体建筑或建筑群(图 1-85 和图 1-86)。

图 1-85 水榭提供了观景点。

图 1-86　现代材料与造型的水榭别具一格。

为处理好水榭与水体的关系，在水榭设计上：

第一，在可能的范围内水榭应突出池岸，形成三面或四面临水的布局形式；

第二，水榭宜尽可能贴近水面，若池岸与水面高差较大时，水榭建筑的地平应相应下降，使整体协调、美观；

第三，在造型上，宜结合水面、池岸等，强调水平线条。

4. 花架

花架是攀缘植物的棚架，供游人休息、赏景，而自身又成为园林中的一个景点。在花架设计中，要注意环境与土壤条件，使其适应植物的生长要求；在没有植物的情形下，花架本身应具有良好的景观。见图 1-87 至图 1-92。

图 1-87　花架的特点是有绿色植物攀缘和悬挂，成为一种具有生机的园林建筑。

图 1-88　点状布置的花架具有亭的功能。

图 1-89　线状布置的花架具有廊的功能。

图 1-90　曲线造型的花架

图 1-91　红色的立柱与绿色的植物形成鲜明对比。

图 1-92　攀缘植物的花增加了花架的神韵。

(二)园林景观小品

1. 围墙

在园林景观空间中，墙是围合和分隔空间的竖向界定元素。景观空间中的墙体有独立墙和挡土墙两种类型。独立墙不依附于其他景观要素，独立存在于空间之中；挡土墙多位于斜坡或土方的底部。两种墙体类型在景观空间中有着不同的功能作用，同时又都通过墙体形式、色彩、图案和质地等的变化丰富和点缀着景观空间环境。见图 1-93 至图 1-98。

图 1-93　竹子与石头堆砌的景墙在材料、质感和色彩上相互辉映，彰显了竹韵的自然意境。

图 1-94　铜鼓元素的景墙使用了打散与重构的手法,体现远古与现代的结合。

图 1-95　利用玻璃透漏作用构成剪影效果的景墙,别具一格。

图 1-96　利用植物攀缘构成植物景墙彰显生态理念。

图 1-97　解构主义风格的景墙设计，有着动感的造型和大胆的色彩搭配。

图 1-98　线状立柱排列而成的景墙,光面浮雕的流畅线形与粗糙面的立柱形成鲜明对比。

围墙设计要点：

(1)墙的尺度决定空间的围合限定程度。一般来说,高于 1.83 m 的厚实墙体对于空间围合以及视线遮挡最完整严密。

(2)材料的选择。构成墙体的材料多种多样,如砖、水泥、玻璃、金属、竹木、各种天然石材等各具肌理质感和艺术表现力的材料,处理运用不同的材料可以构筑出风格不同、视觉效果各异的景观墙体。

(3)墙体的形态设计。墙体形态的方圆、大小、厚薄、凹凸起伏、通透虚实、宽窄高低变化可以构成丰富的视觉效果。

(4)墙体表面设计,通过材料的拼贴、颜料涂绘形成丰富的图案,还有浮雕、题刻、开洞等也是常用的墙体表面设计手段。

(5)墙体与其他元素,如地形、山石、阶梯、座椅、瀑布、流水、植物等搭配,形成丰富的组景。

(6)具有中式韵味的墙体,可借用传统民居建筑中的结构元素和装饰手法,如以白灰饰墙、以砖瓦压顶等做法,或在墙上设漏窗和花窗。

2. 阶梯

在景观环境中,有坡度高差的地方会用阶梯来解决人们上下交通的问题(图 1-99 和图 1-100)。

图 1-99　安全、舒适的阶梯方便行走，也是一道风景线。

图 1-100　阶梯状的驳岸更具有安全感，增加亲水作用。

阶梯设计要点：

(1)阶梯行走的安全性和舒适度，与踏面、梯面、平台以及扶手的尺度有很大的关系。由于室外空间原本就比室内空间开阔，加之受气候环境的影响，室外的阶梯应该比室内的阶梯做得宽阔且平缓一些。

通常而言，梯面高度通常为 150 mm，不低于 100 mm，如果低于这个尺度不符合人的行走习惯，而且容易被忽视造成潜在的危险。梯面最高不高于 170 mm，太高会导致老年人或腿脚不太方便的人行走吃力，但有一类不主要用于交通行走，而是提供看台、休息台类功能的阶梯，可以适当做得高一些。室外阶梯的踏面深度一般尺度为 350 mm，根据人的脚掌尺度，最低不能少于 280 mm，如果少于这个参数会给行走带来不便。阶梯的宽度取决于该阶梯的使用范围和预期使用量，如果阶梯位于重要交通线路上，人流量大，阶梯的宽度可以设定得较宽一些，如双向行进的阶梯，宽度最少不能低于 1 200 mm。

阶梯行走较其他的道路更容易令人感到疲倦，因此在阶梯设计时要考虑在固定距离设置平台，平台能够有效地减轻人的疲劳感，并提供观赏景物的场地。通常在 10～15 步阶梯就应该设置休息平台，休息平台的宽度与阶梯的宽度一致，或者更宽，深度应大于 1 500 mm。当阶梯踏步一侧的垂直距离超过 600 mm 时，就应该设置扶手，扶手的高度距离踏面为 800 mm 左右。

(2)阶梯踏面材料直接与人的脚底接触，关系到人行走的安全和稳定程度，因此应该选用防滑的踏面材料或在每步路面离外侧大约 10 mm 处做防滑槽处理，但不宜设计得太深，防止行人被绊住或夹住。

(3)在条件许可的情况下，在阶梯一侧考虑为残疾人提供无障碍通道。

3. 座椅

座椅是给人们提供休息停顿、观赏风景的景观设施。园林景观中的座椅类型丰富，有带靠背的普通长椅、无靠背座凳等，还有像树池、条石等也具备座椅的功能。座椅的材料多种多样，有木材、石材、混凝土、金属以及各种混合材料等，石头、金属材料在夏天经过暴晒会发烫，而在冬天又令人感觉冰冷，通常而言，木质座椅比较暖和舒适，是户外座椅的常用材料。见图 1-101 至图 1-106。

图 1-101　是座椅也是雕塑，给人一种独特的感受。

图 1-102　按照人体工学设计的曲线造型座凳。

图 1-103　指示牌与座凳的结合，更具人性化。

图 1-104　结合台阶设计的座凳，为人们提供了一个休息、交谈、观赏的空间。

图 1-105　木质材料的处理弥补了硬质景观的冰冷感觉。

图 1-106　设置在道路边缘的座凳，可躺、可坐。

座椅设计应注重尺寸的问题，座椅离地高度一般为 40～45 cm，儿童座椅一般为 30～35 cm，座面宽度 35～45 cm。如果有靠背，靠背应高于座面 35 cm，靠背应有 100°～110°的倾斜角度。带扶手的座椅，扶手距座面 15 cm 左右。单人座椅的长度大约为 60 cm 左右，双人椅 120 cm 左右，三人椅 180 cm，多人座椅没有固定的尺度，可根据设计需要进行设置。

4. 树池

在硬质铺装地面上栽种树木时，在树木周边留出一块没有铺装的生长空间，我们把这个生长空间叫作树池。带座椅的树池还能给人们提供休息观赏的空间。园林景观环境不但重视树池功能设计也注重形态的设计，丰富的形态能起到美化景观环境的作用。树池的长宽尺度由树木的规格、根系的大小确定，一般种植高大乔木的树池往往不少于 120 cm×120 cm。见图 1-107 和图 1-108。

图 1-107　木质材料的树池也是风景。

图 1-108 曲线造型的带座椅树池

常见有平树池、高树池和带座椅的树池 3 种类型。平树池边沿的高度与地面齐平或略高于地面，常用不锈钢、铸铁箅子覆盖，也可以直接以草和灌木覆盖，铺装鹅卵石也是常用的覆盖方式。高树池是指池沿高于地面的树池，一般高度在 15～60 cm，高树池更利于树木的保护，树池池体通常由砖砌筑，也可由木材包砌，池壁和池面可以用石材、木材、混凝土、鹅卵石等材料贴饰，树干周围的土壤常用花草灌木覆盖。带座椅的树池，是将座椅与树池结合的一种方式，尺度一般为 220～300 cm，座椅高度和座面宽度与户外座椅设计相同。

5. 铺装

在景观空间中，铺装地面能够满足实用功能需要，为人和车辆提供活动场地和通行基础。除此之外，好的铺装设计具有强烈的装饰效果，它们能丰富景观空间的底界面，构成各种各样的视觉情趣。铺装的功能作用主要体现在 3 个方面，即提供长期稳定的交通与活动空间、形成和划分空间、导视导游作用。见图 1-109 至图 1-114。

图 1-109 利用不同材料铺装而成的五福临门图案

图 1-110 利用鹅卵石铺装成的梅树剪影辉映周边的梅树

图 1-111 镶嵌在石块间的绿草为地面增加了生气

图 1-112　利用不同色彩、质感、大小的材料形成的地面铺装

图 1-113　利用材料的纹理形成别有意境的铺装

图 1-114 花岗岩与青砖相嵌而成的铺装

常见的地面铺装材料有混凝土材料、沥青、花岗石、砂岩、板岩、鹅卵石、砖、木材等。

在园林景观铺装设计中，可通过材料色彩、拼花图案、质感肌理、尺度等因素的组合、变化、搭配，形成丰富多彩的铺装样式，为园林景观空间底界面增添趣味。

项目二

园林景观设计表现技法训练

项目引言

随着科学技术的发展，计算机延伸了人的手和脑的功能，计算机辅助绘图设计已经成为当代设计师必修的基本功。在过去一段时间里，很多人都有过计算机将完全取代手绘设计工作的担心，但经过时间的考证，计算机辅助绘图设计与手绘设计都有了各自的发展空间。在今后的发展过程中，计算机绘图不能完全取代徒手绘图工作，尤其不能代替设计过程中的构思和草图表现，所以手绘表现图依然是我们学习过程中不可或缺的重要部分。

学习目标

表现技法训练阶段是让学生能运用设计语言，即园林景观设计图纸中的数字、字母、各类字体以及常见图例，并理解、掌握彩铅表现和马克笔表现技法，为以后做园林景观设计方案奠定坚实的基础。

任务一 字体练习

【任务分析】

字是图面的一部分，而选择合适的字体会使图面美观生动。通过学习字体的书写方式，使学生掌握黑体字、仿宋字、数字及字母的特点及书写要领，并且在完成任务中应注意构图及审美能力的训练。

【任务目标】

掌握黑体字、仿宋字、数字、字母的特点及书写要领。

【任务描述】

1. 任务内容

书写黑体字、变形字、仿宋字、数字、字母，并经过版面设计将所有内容组织在图纸上。

2. 任务标准

整体图面构图合理，图面和谐、优美，字体端正，结构合理，笔画正确。

3. 考核形式

书写黑体字、仿宋字、数字、字母，并经过版面设计，将所有内容组织到 A4 图纸上。

【案例展示】

见图 2-1。

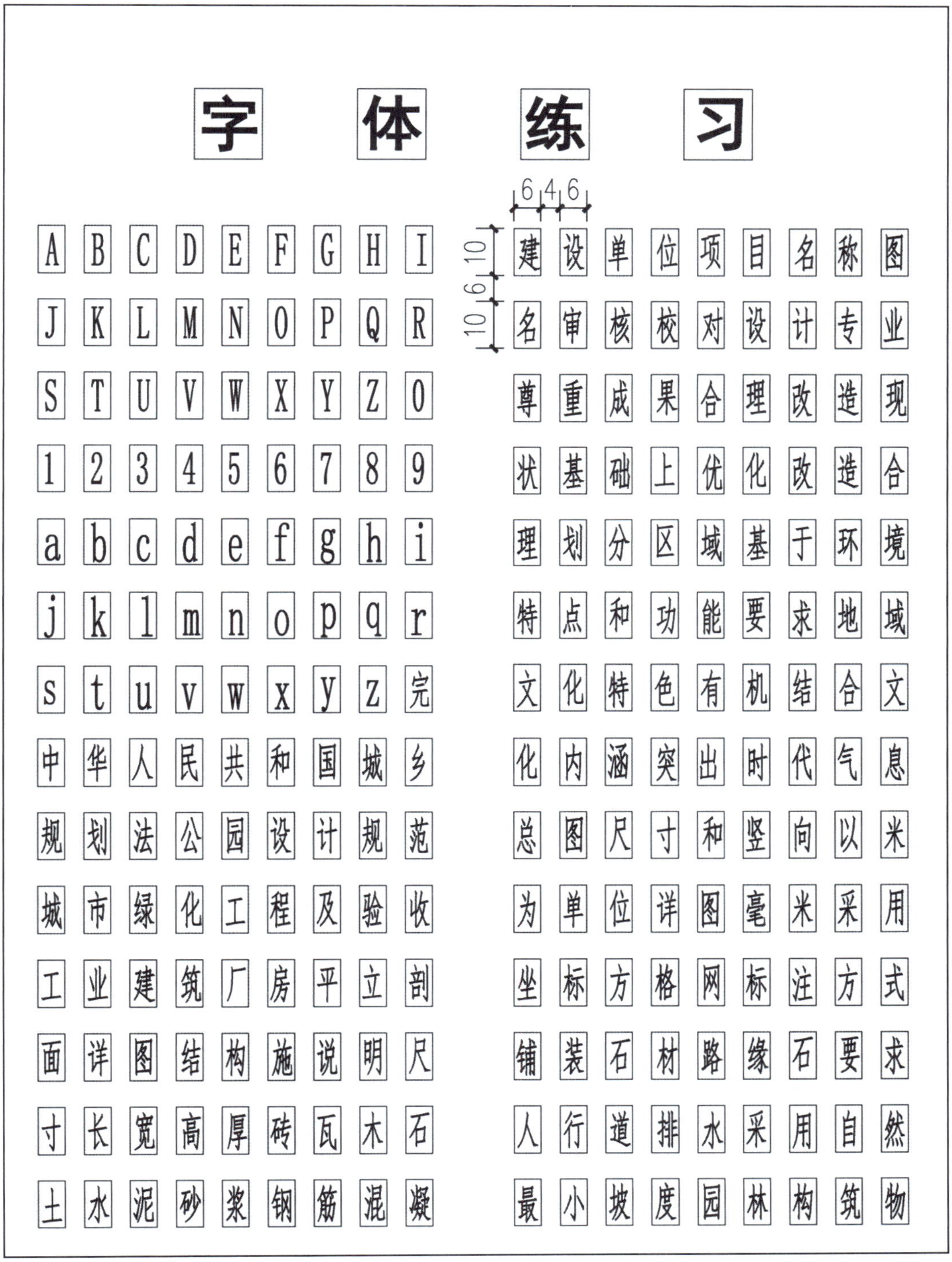
字 体 练 习
6 4 6
10 6 10
A B C D E F G H I
J K L M N O P Q R
S T U V W X Y Z 0
1 2 3 4 5 6 7 8 9
a b c d e f g h i
j k l m n o p q r
s t u v w x y z 完
中 华 人 民 共 和 国 城 乡
规 划 法 公 园 设 计 规 范
城 市 绿 化 工 程 及 验 收
工 业 建 筑 厂 房 平 立 剖
面 详 图 结 构 施 说 明 尺
寸 长 宽 高 厚 砖 瓦 木 石
土 水 泥 砂 浆 钢 筋 混 凝
建 设 单 位 项 目 名 称 图
名 审 核 校 对 设 计 专 业
尊 重 成 果 合 理 改 造 现
状 基 础 上 优 化 改 造 合
理 划 分 区 域 基 于 环 境
特 点 和 功 能 要 求 地 域
文 化 特 色 有 机 结 合 文
化 内 涵 突 出 时 代 气 息
总 图 尺 寸 和 竖 向 以 米
为 单 位 详 图 毫 米 采 用
坐 标 方 格 网 标 注 方 式
铺 装 石 材 路 缘 石 要 求
人 行 道 排 水 采 用 自 然
最 小 坡 度 园 林 构 筑 物

图 2-1 字体练习

【学习评价】

字体练习评价标准见表 2-1。

表 2-1 字体练习评价标准

序号	考核指标	评分标准	分值
1	构图	图面和谐优美，构图严谨	10
2	表达	表达正确、规范，符合制图要求	20
3	字体	结构合理，笔画正确，字体端正	30
4	创新能力	构图巧妙合理，具有创新性	20
5	图面	图面整洁、精细，并完成全部任务	10
6	工作态度	按时按量完成任务	10
		合计	100

【知识链接】

字母、数字、汉字都是图纸中的重要内容。图纸上的字一般分为仿宋字和标题字两大类。

一、仿宋字

仿宋字的字体特点是：笔画粗细一致、整齐，易于书写，字体美观。它的高宽比一般为3∶2，字间距为字的 1/4 高，行间距为字的 1/3 高，字的大小要根据在图中的具体情况而定。

书写要领：按格书写，形体统一；横平竖直，起落有力；结构匀称，比例合适；呼应穿插，和谐统一。仿宋字笔画示例如图 2-2 所示。

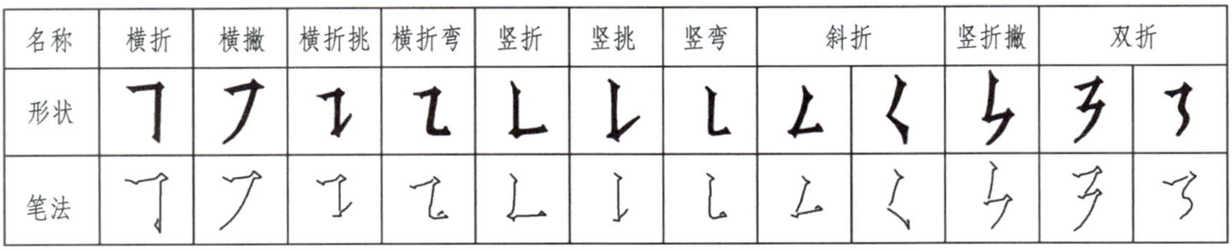

图 2-2 仿宋字笔画示例

二、标题字

常见标题字为黑体字。黑体字是方体字，又称为黑方头，比例为 1∶1，书写时应横平竖直，笔画宽度一致。黑体字在用作标题字时，还可多运用其变形体。黑体字及变形字示例如图 2-3 所示。

园林景观设计	原黑体	园林景观设计	黑体变形字
园林景观设计	黑体变形字	园林景观设计	黑体变形字
园林景观设计	黑体变形字	园林景观设计	黑体变形字

图 2-3　黑体字及变形字示例

三、数字及字母

图纸上的数字和字母都是图面表现的重要内容，书写时应尤其注意笔画笔顺、字体结构。数字和字母的特点是曲线较多，要注意笔画应圆润、光滑、粗细一致。数字及字母实例如图 2-1 所示。

任务二　图例练习

【任务分析】

园林设计图纸中有许多常用的符号、图例，熟知并学会绘制这些图例，具有十分重要的意义。通过学习园林设计中各种要素图例的画法，使学生能认图、识图并能画图。

【任务目标】

掌握园林设计中各个要素常见图例的画法。

【任务描述】

1. 任务内容

徒手绘制乔木、灌木、绿篱、草坪的平面图例、立面图例，图面布置应和谐、美观。

2. 任务标准

整体图面构图合理，内容全面、多样，线条流畅、娴熟，图画精美、整洁。

3. 考核形式

徒手绘制植物平、立面图例，并经过版面设计，将所有内容组织到 A3 图纸上（图幅 297 mm×420 mm）。

【案例展示】

见图 2-4 和图 2-5。

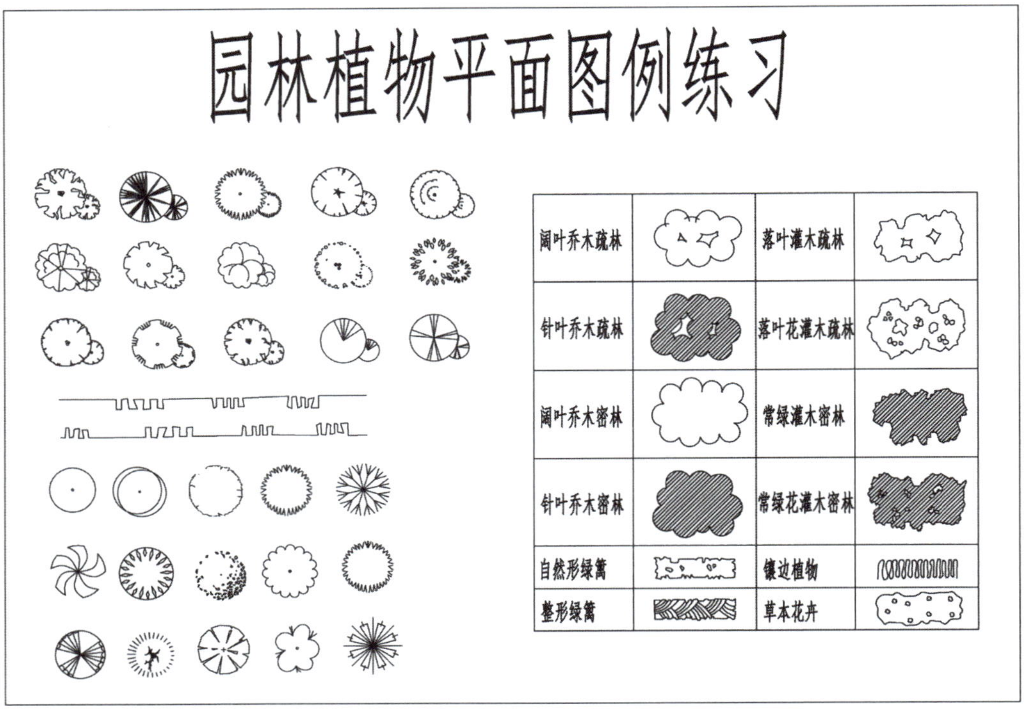

图 2-4　园林植物平面图例练习

图 2-5　园林植物立面图例练习

【学习评价】

图例练习评价标准见表 2-2。

表 2-2　图例练习评价标准

序号	考核指标	评分标准	分值
1	构图	图面和谐优美，构图严谨	10
2	表达	表达正确、规范，符合制图要求	20
3	线条	线条流畅、娴熟，有专业特点	30
4	创新能力	构图巧妙合理，具有创新性	20
5	图面	图面整洁、精细，并完成全部任务	10
6	工作态度	按时按量完成任务	10
		合计	100

【知识链接】

在学习设计之前，首先应该能读懂图纸。园林制图中常用的图例图示，一般分为以下 6 类：园林景观设计用地类型(图 2-6)，园林景观设计建筑图例(图 2-7)，园林景观设计山石图例(图 2-8)，园林景观设计水体图例(图 2-9)，园林景观设计小品设施图例(图 2-10)，园林景观设计植物图例(图 2-4 和图 2-5)。

在所有图例中，植物的图例使用频率最高。设计中，树木图例多用白描的方法表示，应先以树干的位置为圆心，树冠的平均半径为半径做出圆，再加以表示。为便于表达设计，可以选择不同的图例表示不同的树种。植物平面图例如图 2-4 所示。植物立面图例如图 2-5 所示。

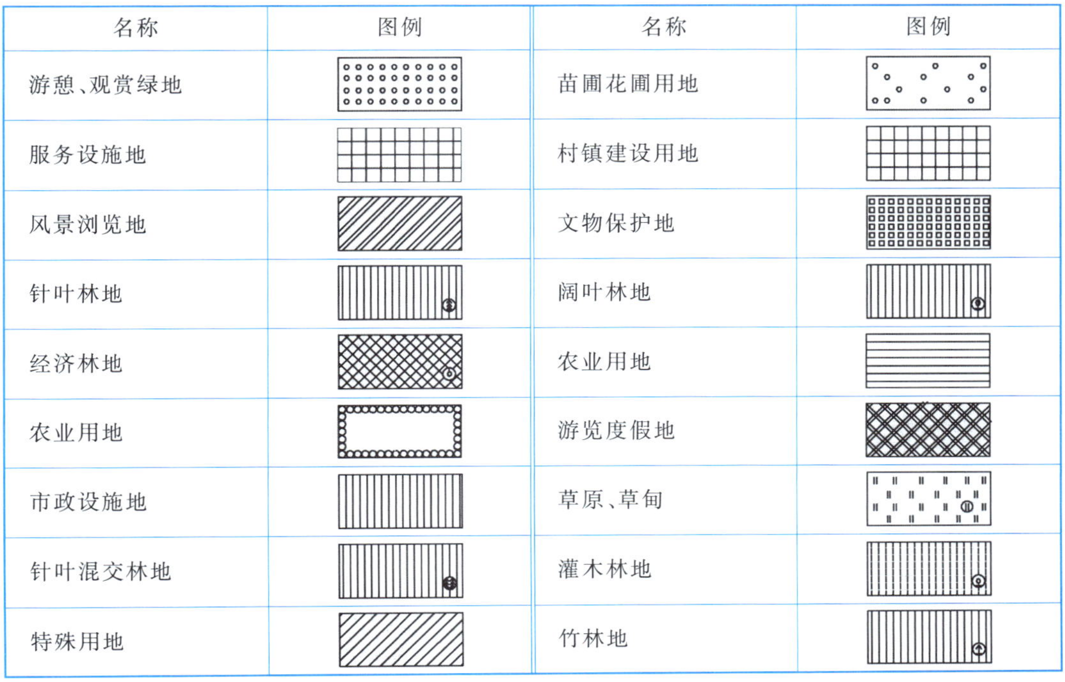

图 2-6　园林景观设计用地类型

名称	图例	名称	图例
原有的建筑物		村镇建设用地	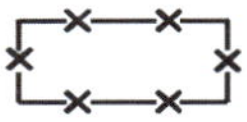
草顶建筑或简易建筑		规划扩建的预留地或建筑物	
温室建筑		规划的建筑物	
坡屋顶建筑	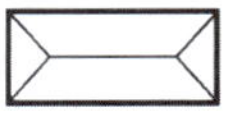	地下建筑物	

图 2-7　园林景观设计建筑图例

名称	图例	名称	图例
人工塑石假山		独立景石	
自然山石假山	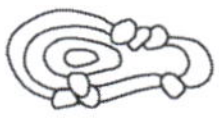	山石假石	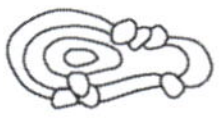

图 2-8　园林景观设计山石图例

名称	图例	名称	图例
自然水体	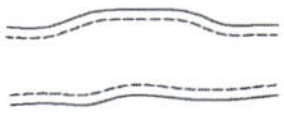	溪涧	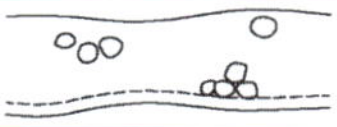
跌水、瀑布	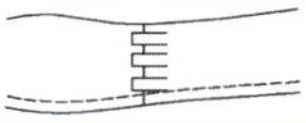	规则水体	

图 2-9　园林景观设计水体图例

名称	图例	名称	图例
饮水台	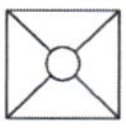	围墙	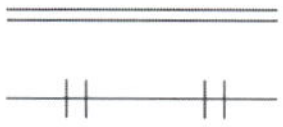
花架	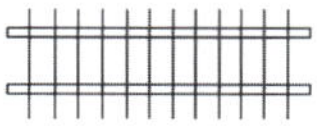	花台	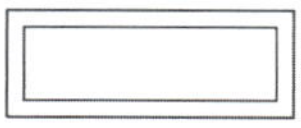
座凳	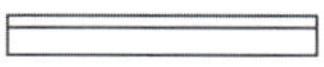	栏杆	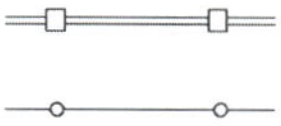
圆灯		喷泉	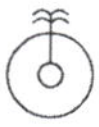
雕塑		指示牌	

图 2-10　园林景观设计小品设施图例

任务三 基础线条练习

【任务分析】

线条是设计表达的词语及媒介，通过运用二维的线条可以表达出不同的三维空间、光影和肌理等。

【任务目标】

准确熟练地掌握横线、竖线、斜线、曲线等基本线条的画法。

【任务描述】

1. 任务内容

将粗、中粗、细等各种线形的直线、斜线、曲线经过组合构成肌理表达在图画上，并根据内容进行版面设计。

2. 任务标准

整体图面构图合理，内容全面、多样，线条流畅、娴熟，图画精美、整洁。

3. 考核形式

徒手绘制基础线条图，并经过版面设计，将所有内容组织到A3图纸上(图幅297 mm×420 mm)。

【案例展示】

见图2-11。

图2-11　徒手绘制基础线条图练习

【学习评价】

基础线条练习评价标准见表 2-3。

表 2-3 基础线条练习评价标准

序号	考核指标	评分标准	分值
1	构图	图面和谐优美，构图严谨	10
2	表达	表达正确、规范，符合制图要求	20
3	线条	线条流畅、娴熟，有专业特点	30
4	创新能力	构图巧妙合理，具有创新性	20
5	图面	图面整洁、精细，并完成全部任务	10
6	工作态度	按时按量完成任务	10
		合计	100

【知识链接】

一、运笔

在线条的练习过程中，首先应注意自己的情绪和状态，不要过于紧张；其次要得心应手地勾画每根线条，下笔肯定，运笔流畅。

握笔时，应尽量握在笔的中间位置，笔和纸面呈斜角，不能垂直，这样会便于灵活画线，同时也不遮挡视线。

在运笔过程中，出线要肯定，手和小臂放松，心态平稳，手笔同步。

运笔要领(图 2-12)如下：

(1)运笔要放松，不要反复描摹线条，下笔应有起有落。

(2)长线断开画，注意停顿处留有间隙，不要出现连接点。

(3)宁可局部小弯，但求大直。

(4)铅垂线与水平线搭接时，应稍微出头，不要搭接不上，出头比交接更有设计感。

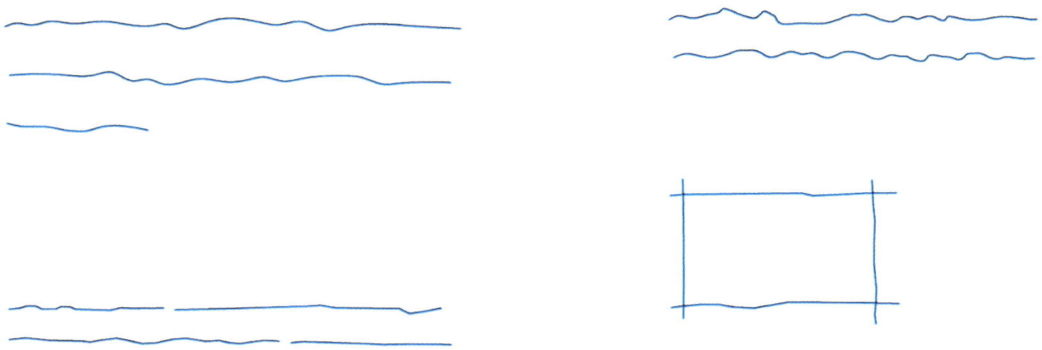

图 2-12 运笔要领

二、线条的组合

线条的组合包括长短、曲直、运笔方向等。不同的线条组合、排列具有很强的艺术表现力。由于线条的方向感和线条间的留白会给人丰富的视觉印象，所以在园林景观的绘图中，会选择它们表现物体的肌理、明暗关系及空间关系等。如图 2-11 所示。

三、线条绘制时易出现的问题

线条绘制不熟练阶段会出现很多问题，而这些问题会直接影响到画面的效果，会使画面粗糙、散乱。

任务四　彩色效果表现练习

【任务分析】

对于一幅完整的手绘作品来说，上色是对作品的色彩描述。在此阶段常用的上色工具为马克笔和彩铅笔，因此马克笔和彩铅笔对于手绘是不可或缺的工具。

【任务目标】

通过对马克笔和彩铅笔技法的训练，熟悉马克笔和彩铅笔的特性，掌握马克笔和彩铅笔的运笔方法和着色技巧，并能运用马克笔和彩铅笔表现完整的彩色效果作品，为今后做园林景观设计彩色效果表现打下坚实的基础。

【任务描述】

1. 任务内容

用马克笔和彩铅笔抄绘一组园林景观平面图、立面图、剖面图，并根据内容进行版面设计。

2. 任务标准

颜色搭配合理，马克笔和彩铅笔很好地结合应用，图面层次分明、和谐、均衡、精美。

3. 考核形式

抄绘一组彩色效果的园林景观平面图、立面图、剖面图，并经过版面设计，将所有内容组织到 A3 图纸上(图幅 297 mm×420 mm)。

【案例展示】

彩色效果表现图练习如图 2-13 所示。

图 2-13　彩色效果表现练习图

【学习评价】

彩色效果表现练习评价标准见表 2-4。

表 2-4　彩色效果表现练习评价标准

序号	考核指标	评分标准	分值
1	构图	图面和谐优美，构图严谨	5
2	表达	表达正确、规范，符合制图要求	20
3	线条	线条流畅、娴熟，有专业特点	10
4	笔触	笔触统一，表达准确	10
5	色彩	颜色搭配合理	20
6	创新能力	构图巧妙合理，具有创新性	15
7	图面	图面整洁、精细，并完成全部任务	10
8	工具使用	规范使用工具	5
9	工作态度	按时按量完成任务	5
		合计	100

【知识链接】

随着科技与时代向前发展，设计不断地创造着人类的新生活，赋予生活新的含义。美好的设计需要出色的表达，要快速、清晰地表达自己的设计构思，设计师必须掌握相应的手绘技法，而马克笔和彩铅笔因为其自身特性也越来越被各行业的设计师所认可。

一、彩色表现工具的特点

（一）彩铅笔

彩铅从性质上分为水溶性和油性两大类。水溶性彩铅可以用水混色，油性彩铅近似蜡笔，可以用溶剂混色。一般在快速表现中，较多地采用水溶性彩铅。其特点是操作方便，易修改和笔触表现明显。常用的有12色、24色等组合。彩铅由于笔触较小，所以在大面积表现时，要考虑时间问题，彩铅经常会和马克笔或者水彩混合使用。

（二）马克笔

马克笔又称麦克笔，是英文"MARKER"的译音，意为记号笔，起初主要是包装工和伐木工使用，其笔迹宽大、醒目，后来被画家和设计师所重视、采用，从原来简单的原色发展到现在从浅到深、从灰到纯的上百种色彩。马克笔具有成图迅速、着色简便、色泽艳丽、笔触清晰、携带方便以及表现力强的特点，极大地方便了设计师。

马克笔一般分为两大类：一种是水性的，另一种是油性的。水性马克笔以单尖为主，笔尖较窄，使用时容易划纸，所以应配合厚些的纸使用。水性马克笔颜色没有油性马克笔艳丽，在反复叠加时会使画面显得脏乱，所以建议使用油性马克笔。油性马克笔快干、耐水、色彩鲜艳，而且耐光性好。油性马克笔挥发很快，所以用完之后一定要将笔帽盖紧，以延长使用寿命。由于马克笔成本昂贵，用完的笔丢弃可惜，可以注入酒精，来延长使用寿命，注入酒精的笔颜色会较之前颜色变浅，可作退晕的处理工具。

二、使用方法

（一）彩铅笔

用彩铅表现时，主要有两种运笔方法：一种是以面为主，不突出笔触，即使表现出了笔触，也要用揉色的方法将笔触化开；另一种方法就是突出笔触的方法，彩铅笔触虽然不大，但它具有极强的表现力，在作图时，一定要控制好笔触，使线条排列方式统一，比如都是直线、斜线、交叉线或者按照某个方向变化地排列，这样图面统一，效果突出。当然，不是所有的表现图都必须用统一排列笔触的线条，在处理不同画面时，也可根据物体不同的材质和质感，而选择不同的笔触。但是切记，初学者不要在同一张画上使用太多不同的笔触，否则控制不好画面的整体效果。

彩铅的颜色都是固定的，并不像水彩那样，能随心所欲地调出自己想要的颜色。但为了保证每一张表现图都色彩丰富、饱满，不是单一的纯色，就需要设计师根据实际情况，在画面中的不同位置或不同物体上使用不同颜色的彩铅，并通过不同颜色的穿插，在视觉上产生混色的效果。但要注意色彩的过渡要自然、协调。

另外也可以通过运笔的轻重来控制颜色的变化，光面画得轻一些，暗面画得重一些。这样画面就可以得到立体感强、色彩丰富的效果。同时上色时也应注意以下问题：

(1)线条要随形体的结构去勾勒以体现出形体感。

(2)不要把物体颜色画得太满，尤其是物体之间的用色，应分清主次，注意留白。

(3)用色不应杂乱，要温和，注意整体的色调。

(4)画面不能太灰，要有虚实、明暗变化。

(二)马克笔

使用马克笔的方法一定要果断快速，线条要有张力。根据马克笔笔头的特点，可以画出不同的线条，同时根据画面的需要，应选择画出不同的笔触。在使用马克笔时，错误的笔法包括不果断、运笔抖动、起笔收笔不畅等。

物体发光时，光影通常是逐渐变化的，马克笔通过线条的变化和颜色的叠加来表现物体的受光变化，掌握马克笔颜色渐变的关系及过程，有利于空间及形体的表现，这样会使画面表现得更加清楚、逼真。

三、表现技巧

(一)石材

在大自然中，石材没有完全一样的，尽管石材种类很多，但它也有其自身的特征。同种石材线条造型应是一致的。在上色时，应注意表现石材的体量和造型，并通过光感达到表现石材的目的。

(二)水体

水本身是无色透明的，但在一般情况下，人们通常认为水是蓝色的。因为水的上方是蓝色的天空，天空倒映在水中，所以在绘制水体时多数会选择蓝色，但为搭配整幅图的色调有时也用紫色。轻柔的水，笔触应当柔和；刚劲的水，笔触应该快直。水的笔触应和谐统一，切忌一会儿横、一会儿竖，使画面杂乱。

(三)园林建筑

给不同建筑上色，应注意是什么材质就选定什么颜色，并通过质感来塑造形象。上色过程中勿大面积单一色彩平涂，注意黑白灰关系的协调，并适当留白。

(四)植物

植物的表现有写实类、抽象类和图案类 3 种。在上色时应该注意表现植物的特征，由浅及深做退晕变化。植物多数在表现图中起烘托气氛、丰富构图的作用。当植物作前景或背景时，上色应简单，否则会主次不分。

(五)景观小品

小品绘制的重点在于大体的形体结构比例协调，并以概括的线条描绘完整的小品形态。

(六)铺装

在铺装的表现中，应注意透视的变化，主要是把握不同材质的特征，并通过虚实变化来体现空间感。

四、表现步骤

(一)起稿

用墨线笔打底稿,线条画到结构线即可,不可表现出阴影和暗部的线条。如图 2-14 所示。

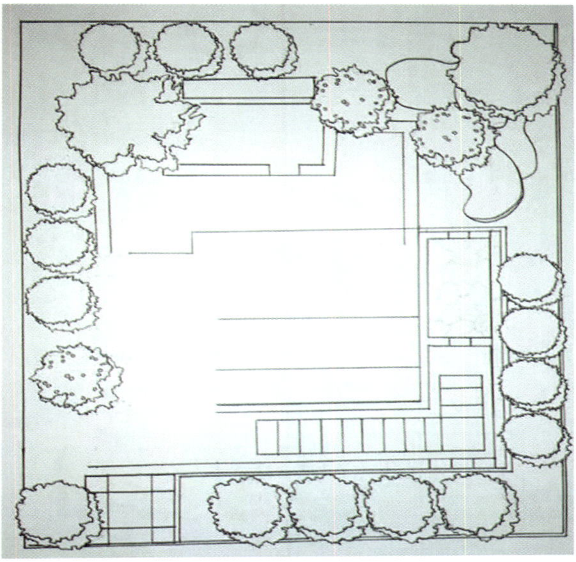

图 2-14　起稿

(二)打底色

打底色的顺序应由浅入深、由上及下。如图 2-15 所示。

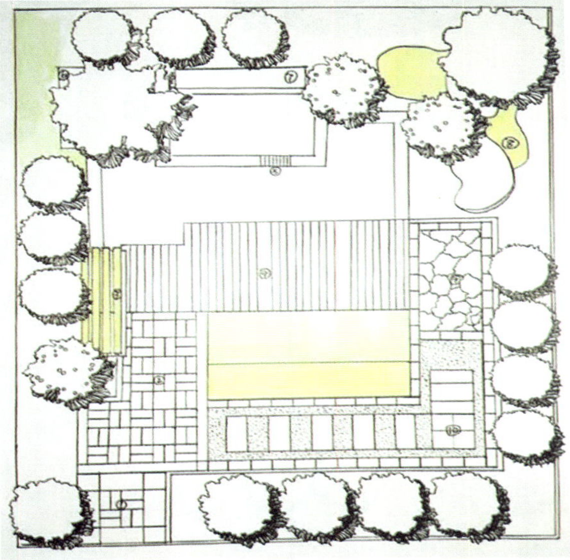

图 2-15　打底色

(三)明暗关系

在各个界面的底色基础上做出明暗关系。这一步是用明度更大的色彩加强画面的立体感的过程。如图 2-16 所示。

图 2-16 明暗关系

(四)细部刻画

强调主景,调整画面。如图 2-17 所示。

图 2-17 细部刻画

项目三

园林景观设计形式构成训练

项目引言

园林景观设计是一项创造性、抽象性和逻辑性很强的工作，它需要创作主体具有丰富的想象力和灵活开放的思维方式。

形式构成主要是解决设计领域有关创意性思维、设计方法及审美等方面的问题，既是后续专业课程的前导性思维训练，也是职业岗位技能的初期培训。形式构成训练是获得逻辑思维和形象思维的重要体验，能培养分析、总结、归纳事物的能力，进而将感性认识变成理性认识，从而达到提高思维能力、设计能力、审美能力、创新能力的目的。

学习目标

本项目的学习是对学生进行创新思维的培养，拓展多角度创意性思维，开拓学生的逻辑思维和形象思维，积累多种设计方法以提高审美能力，为同学们能够顺利地步入园林景观专业设计领域夯实基础。

任务一 园林景观形式构成基本元素认知

【任务分析】

了解形式构成的基本元素，有助于理解形式构成的相关内容，能有选择地或创造性地利用它们进行园林景观创意设计。

【任务目标】

通过本任务的学习，使学生了解形式构成的基本元素，熟悉并理解各元素在园林中的作用，进而掌握园林形式构成各元素的处理方法。

【任务描述】

1. 任务内容

园林景观形式构成案例鉴赏。

2. 任务标准

能准确分析、评价、总结园林景观形式构成案例的特点。

3. 考核形式

选取一个园林景观案例分析其形式构成特点，评价其优缺点，阐述学习启发，并通过PPT的形式进行课程汇报。

【学习评价】

园林景观形式构成案例鉴赏评价标准见表3-1。

表 3-1　园林景观形式构成案例鉴赏评价标准

序号	考核指标	评分标准	分值
1	案例形式构成特点分析	准确分析园林景观案例类型和特点	40
2	案例形式构成优缺点分析	准确分析园林景观案例优缺点	20
3	学习启发	从案例中找出启发自己学习发展的关键点	20
4	表现形式	PPT 画面色彩合理,构图和谐优美,文字大小、内容适宜	10
5	工作态度	按时按量完成任务	10
		合计	100

【知识链接】

构成园林景观形象的基本元素有形状、色彩、肌理、尺度等方面,设计师对它们组合、叠加形成丰富的景观视觉形象。

一、形状

(一)点

点是形式构成语言中最简单的元素,在景观空间中,点占据空间中的位置,并因其位置、大小、质地、形状、色彩的不同,形成不一样的视觉效果。点与点可以进行自由组合,组合的数量多少、大小、形状、疏密不同其形态也不一样,如单点在空间中会形成很强的凝聚力,视线集中于点,点的辐射范围形成空间,点呈线性排列,会形成井然有序的行列效果,沿曲线、螺旋线、折线排列会产生动态感,多点阵列会形成面,若大小或间距形成有规律的变化,会带来节奏感和韵律感。

在景观环境中点元素的存在方式多样,可以是抽象的图案,也可以是色彩斑点,或者是某种点状实体,在景观设计中灵活巧妙地运用点元素,可以形成富有视觉魅力的景观形态。见图 3-1 至图 3-4。

图 3-1　草地中白色石材的点构成,明快、现代感十足。

图 3-2 植物以点的形态形成矩阵，具有强烈的节奏感和韵律感。

图 3-3 草坪以点的形态在木平台中形成色彩斑点，构成感强烈。

图 3-4 图中的座椅以点的形态位于广场中，具有很强的视觉效果。

（二）线

线是点运动后形成的轨迹，在几何学中线没有粗细，只有长度和方向。而在视觉艺术领域，线不但有粗细，还有色彩、质地、形状等。线在景观空间中的呈现方式多种多样，无处不在，如景观空间中的水体、道路、绿化带、地面铺装、构筑物等。

线有多种类型，有水平线、垂直线、几何曲线、自由曲线、折线、螺旋线等，不同的线带给人不同的视觉效果和心理感受，有人把线的这种特征称为线的感情性格。其中，水平线给人平静、安定、平和、辽远的感觉；垂直线带给人庄严、向上、崇高的心理感受；几何曲线给人柔和、优雅、秩序、圆润的美感；自由曲线显得柔美、自然、生动、随性、活泼、个性鲜明；折线具有动态感；螺旋线给人升腾感。见图 3-5 至图 3-8。

图 3-5 白色石材构成的挡土墙以线状分布于绿地中，质地、色彩分明，曲线形态极具动感。

图 3-6　白色花岗岩铺装与黑色卵石相隔而成的小广场,线条构成感强烈。

图 3-7　直线状的石材铺装、植物绿篱、长条凳给人强烈的节奏和韵律。

图 3-8　成列的乔木以曲线形式存在于空间中，风格简约大气。

(三)面

面在空间的形象非常丰富，形状是面的表现形式，是人通过视觉可以观察到的物体基本特征之一。总体来说可以把各种形状概括为两大类：几何形和自然形。

1. 几何形

几何形是指以数学规律为基础的具有逻辑性、理性特征的图形，或是从实物中抽象出来的图线，如直线、曲线、正方形、三角形、圆形等。几何形具有明快、单纯、规整、秩序等特点。见图 3-9 至图 3-12。

图 3-9 矩形镜面水池给人平静、安定、平和、辽远的感觉。

图 3-10 水池、花池相间于不同材料的铺地中，矩形元素给不同材质、色彩、肌理带来统一。

图 3-11　矩形景墙与圆形门洞结合在一起，圆形门洞的框景正如景墙上的一幅画，充满了变化与生机。

图 3-12　虚实对比形成的效果极具表现力，体现自然与人工结合的美感。

2. 自然形

自然形是指自然生成的物体形状，如山体、岩石、河流、湖泊、树叶、雨水、雪片等。因为其形状很少为人力所干预和影响，表现为偶然的、无规律的、自由生动的、富有生命力的、自然的特征，更贴近生物有机体的状态，也常常为景观设计师大量运用。

在景观设计中，水面、铺装地面、景墙墙面、草坪、行列树木垂直面、构筑物的构成面等都可以看作是面的形态，因此面的存在方式很丰富，表现手法也多样。除了形状之外，还可以从材质、纹理、颜色、尺度、图底关系等方式入手，打造具有视觉冲击力的景观面形态。

(四)体

体是通过面的移动形成的，有位置、长度、宽度、厚度，具有尺度感和体积感。体的类型很多，总的来说可以分为几何形体和自由形体两类。体在景观中的存在方式有两种：一种是运用体的造型形成的物体，如建筑体、构筑物、雕塑、整形植物、座椅凳子等；另一种是通过界面围合形成的空间，这是空心的体，如广场、庭院等。见图 3-13 至图 3-15。

图 3-13　现代造型的花池体量感十足。

图 3-14　正方体造型的水榭因三面无墙而不至于笨重。

图 3-15　水体中的乔木实体形成了水中焦点景观，相互辉映。

（五）点与人的视觉关系

一个点：容易形成视觉焦点，并处于静止的状态。

两个点：人的视线在两个点上来回流动，越近吸引力越强。

三个点：可以形成三角形的虚面。

多个点：按不同规律排布，可以变成不同的面和不同的线，甚至可以用大小疏密不同的点来绘制逼真的图像。

（六）点线面的相对性

点、线、面是一个相对而言的概念。如小型水池在大型公园中，它和房子一样是一个点的概念，而对于池中的雕塑小品，水池却是一个面的概念。小路和小溪流也可以从一个线的概念转变为面的概念。

点：相对占有面积较小，可以是园中的音箱、垃圾桶、装饰艺术小品、植株等。

线：相对占有面积成线形，在园中可以是道路、园椅、小溪等。

面：相对面积较具延展性，如园中的水池、活动场地、亭子、花架、成片的地被或较大的乔灌木等。

二、肌理

所有构成景观环境的物体都有着不同的表面纹理和质地，有的光滑、有的粗糙，有的柔软、有的坚硬，这就是肌理。人们可以通过眼睛看到肌理，也可以通过身体触摸到肌理，不同物体的肌理给人不同的心理和生理感受。景观设计中常常运用材质肌理来产生对比效果。如植物叶片，有的叶片手感粗糙单薄，皮革质的叶片却细腻厚实；河岸石头的坚硬更能衬托出水的柔性易变；冰冷光亮的金属与自然质朴的天然木材有着截然不同的肌理质地；通透明净的玻璃与厚重沉稳的石材完全是两种材质表情；白粉墙面典雅传统，砖墙田园质朴，而金属材质的墙面则现代时尚。见图 3-16 至图 3-18。

图 3-16　不同质感的石材形成肌理丰富的地面景观。

图 3-17　平滑与凹凸肌理的木质材料，让景墙呈现出原始、质朴的美感。

图 3-18　瓦的流线肌理与门框的平滑肌理结合，形成对比强烈的肌理美景。

三、色彩

环境中几乎所有的物体都有颜色，颜色是景观环境中必不可少的、最直接最易于传达的一种形式语言。色彩带来不同的视觉审美感受并在一定程度上影响人们的心理和情感体验。在园林景观设计中，不同类型和质地的景观元素有着不同的色彩，而这些色彩不是固定不变的，光线的强弱明暗、时间的推移演进、环境色的影响会使景观元素的固有色发生变化。如晨昏光线的变化会使人们观察到的色彩产生细微的变化。季节的变换，植物花、叶的色彩会随之发生变化。见图 3-19 至图 3-21。

图 3-19 中国红与黄、黑的搭配，具有强烈的装饰美感。

图 3-20　黄色的景墙与草地、绿树形成鲜明的对比。

图 3-21　红色透水砖与绿色植物组团形成强烈的红绿对比。

四、尺度

园林景观设计作为空间设计，必然与尺度有着密切的联系。尺度涉及景观空间长宽、高低、面积体积以及空间中元素的大小、多少等方面的内容。适宜尺度意味着空间整体和细部体量的合理性，合理的尺度使空间和景观元素具有美感且使用舒适。尤其是空间中的建筑物、构筑物、小品设施等与人的使用息息相关的构成元素，必须适宜于人体尺度并符合人的使用习惯和审美需求。见图 3-22 和图 3-23。

图 3-22 公共空间中，通道、座椅、树池的尺度以人行走、社交活动为参照，满足人的心理、生理、审美等方面的需求。

图 3-23 适宜的尺度符合人的使用习惯和审美需求。

当然有时候，也会利用尺度的异变来达到与众不同的视觉观感，如把人们所熟知的物体做较为夸张的放大或缩小处理。使其与人的常识或惯性思维发生碰撞，形成令人惊奇的视觉语言，给人留下深刻的印象。通常这种设计只用于那些装饰性大于功能性的景观元素设计中，如景观雕塑、景观构筑物等，一些概念性景观设计也有做一些超乎通常尺度的设计。见图 3-24。

图 3-24　象棋以夸张的放大尺度呈现在景墙中，形成极具表现力的视觉语言。

任务二　形式构成基本方法与模式训练

【任务分析】

园林景观形式构成是以逻辑为基础并以几何图形为模板，所得到的图形遵循各种几何形体内在的数学规律。通过调整大小和位置，就能从甚至最基本的图形演变成有趣的设计形式。它是园林景观设计中最普遍和有用的形式，而非唯一的形式。掌握形式构成的基本模式，对于园林景观形式构成的表达具有重要意义。

【任务目标】

掌握形式构成的基本方法与模式，通过构思设计与园林景观设计平面图构建相应的联系，并能相互表达。

【任务描述】

1. 任务内容

运用3种以上方法和模式进行园林景观平面构成设计。

2. 任务标准

场地功能合理，形式构成具有创新、特色。

3. 考核形式

运用3种以上方法和模式对景观场地进行平面构成设计，并经过版面设计，用马克笔和彩铅笔将所有内容组织到A3图纸上。

【案例展示】

园林景观平面构成设计案例示范如图3-25所示。

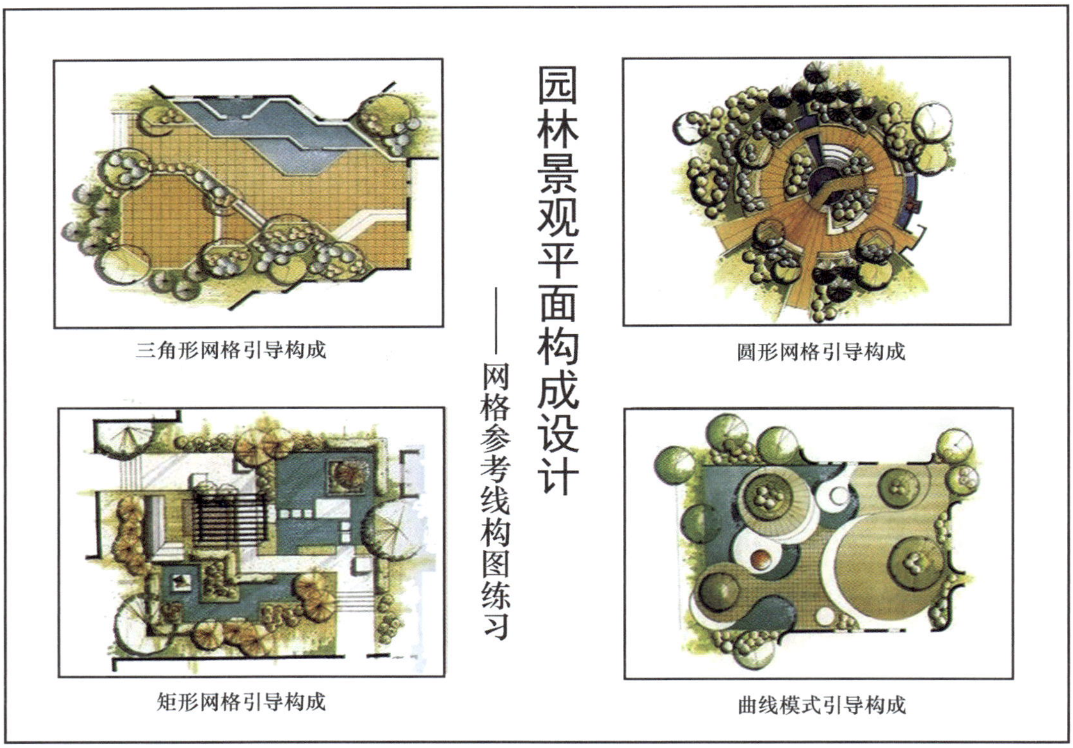

图3-25 园林景观平面构成设计案例

【学习评价】

园林景观平面构成设计评价标准见表3-2。

表 3-2　园林景观平面构成设计评价标准

序号	考核指标	评分标准	分值
1	构图	图面和谐优美，构图严谨	10
2	表达	表达正确、规范，符合制图要求	20
3	创新能力	场地功能合理，形式构成具有创新、特色	50
4	图面	图面整洁、精细，并完成全部任务	10
5	工作态度	按时按量完成任务	10
		合计	100

【知识链接】

一、形式构成的基本方法

做方案设计时，我们在确定好功能分区之后，就可以进行空间设计了。这个时候，我们应该遵循一些原则和方法。这个过程特别强调利用构成的知识，把握统一及秩序感的设计原则，根据现场的特点及功能的要求开始进行布局。

构成手法一般有以下几种：重复，渐变，穿插，强调，放射，套叠，相接，重叠，透叠，结合，差叠，减缺，分离和自然形的模仿、类比和借用等。

（一）重复

将单一的形式元素按特定规律重复排列会形成新的形式语言，再通过元素的大小、位置的变化，使其更为丰富有趣。重复构成又包括自由散点式、带状行列式、网格矩阵式等。见图 3-26。

图 3-26　相同式样、材质的景观柱重复运用构成了虚实结合的景墙。

（二）渐变

渐变构成是将形式元素的形状、大小、位置、方向、肌理、色彩等按一定规律而渐次变化的构成方式，这种方式会产生强烈的秩序感和节奏感。见图 3-27。

图 3-27 有规律的渐大渐小的石柱带来了独特效果。

（三）穿插

将不同色彩、肌理、形状的形式元素按某种规律或自由地组织穿插在一起，通过覆盖、重合、透叠、联合、分解、减缺等手段使具有不同特性的元素之间产生联系，产生出丰富有趣的变化。见图 3-28。

图 3-28 不同色块按规律穿插在一起，起伏的地面变化更加增强形式感。

(四)强调

强调是通过形式元素大小、高低、色彩、阴暗、虚实等方面的对比,起到突出重点和强调其中某元素的目的。见图 3-29。

图 3-29　流线形叠加在一起的构造体其色彩在周边环境的衬托下更加鲜明。

(五)放射

元素以某一点为中心呈放射状布置的构成方式。见图 3-30。

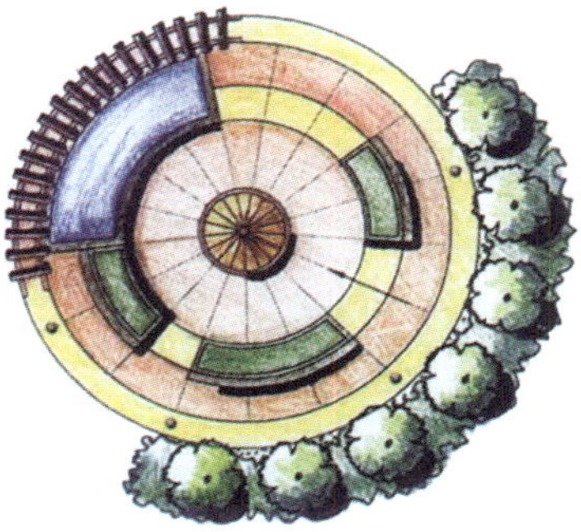

图 3-30　按照同一圆心向不同方向有规律地布置功能区及设施。

(六)组合形式

(1)套叠　套叠是以某一点为圆心,如水纹般向外散形成元素层层相套的形态,景观元素呈向心状布置在圆心周边。见图 3-31。

图 3-31 典型的套叠模式，简洁而优美。

(2)相接 相接是元素之间相邻接、靠近、附近的意思，或是 2 个以上空间互相连接、彼此关联。见图 3-32。

图 3-32 活动空间与道路相接，空间之间相接。

（3）重叠　同样的元素层层堆叠，互相覆盖。见图 3-33。

图 3-33　水池与水池中的木平台为重叠关系。

（4）透叠　两形相叠透出重叠的部分，产生一种特定形态的空间感，能有效地丰富单纯的形象，显示出一种独特的视觉效果。见图 3-34。

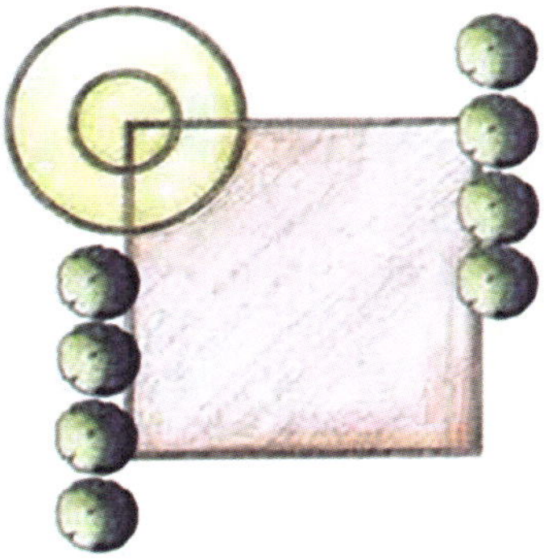

图 3-34　一个场地与另一个场地之间有某种明显联系，而形状又相对独立。

（5）结合　结合是一个场地由两个或两个以上的元素或形状形成。见图 3-35。

图 3-35　一个场地由两个或两个以上的形状形成。

(6)差叠　两形相叠产生的相交部分，由此形成新的空间。见图 3-36。

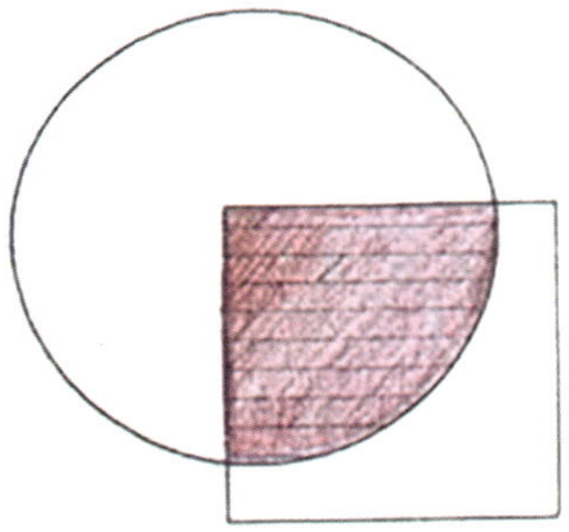

图 3-36　阴影部分为最终使用部分(一)

(7)减缺　几何形被另一形减去相交叠部分，由此形成新的空间。见图 3-37。

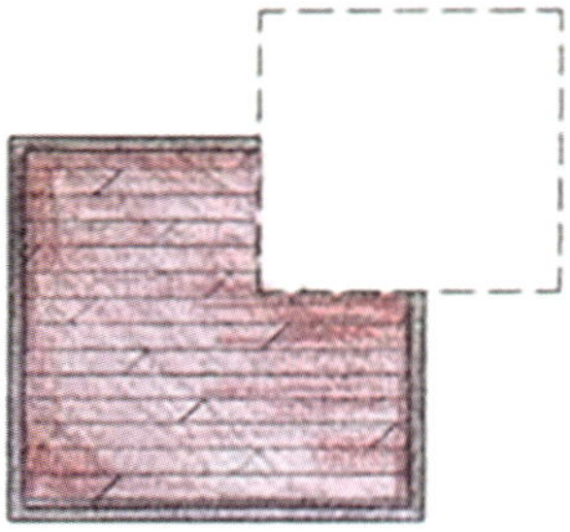

图 3-37　阴影部分为最终使用部分(二)

(8)分离　两形之间相互独立，没有联系或联系不紧密。见图 3-38。

图 3-38　一个空间与一个空间相互独立，没有联系。

(七)自然形的模仿、类比和借用

(1)模仿　模仿是直接将自然界中的形体运用于景观设计之中,如自然式园林中的溪水流泉、山石花木。见图 3-39。

图 3-39　直接模仿水壶形态的指示牌,形象、生动。

(2)类比　类比是将源自自然界中的形体进行一定的改造提炼,使其类似自然界中的原型。见图 3-40。

图 3-40　长条石块在白色的鹅卵石面上正如水面上的桥，给人遐想的空间。

(3)借用　借用是将自然界中的形体借取过来，加以提炼，而形成新的表现方式，如借用雨水滴落在地上形成的水纹而做的设计，再如用自然界的树叶和叶脉的形状进行的设计。见图 3-41。

图 3-41　借用雨水的形态做成的石凳，可坐、可赏，极具意境。

二、形式构成基本模式——网格参考线构图法

景观平面图的设计很多时候就像在做一副平面构成，初学的同学可能还没有搞清楚不同景观所需要的相应功能，做的时候往往无从下手，完成的方案也像儿童画一样不堪入目。这里给大家介绍一种最简单的形式构成基本模式——网格参考线构图法。大家可以从形式入手训练，慢慢将功能渗透到形式当中，完成从形式到功能的完美结合。

网格参考线构图法：用各种不同的网格线铺在概念性方案下面，概念性方案中的粗略形状就会通过网格线的引导，重新绘制成新的图形，就能很容易地组织出功能性示意图并赋予新的含义，新绘制的线条则代表实际的物体，变成了实物的边界线。如在概念性方案中用一条线表示的箭头变成了用双线表示的道路的边界，遮蔽物符号变成了用双线表示的墙体的边界，中心焦点符号变成了小喷泉。见图 3-42 和图 3-43。

图 3-42　用矩形网格铺在功能性示意图下面

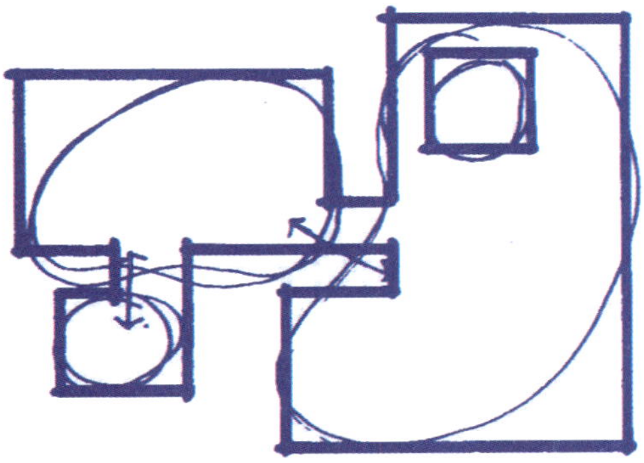

图 3-43　根据矩形网格线引导而成的空间边界

（一）矩形模式

矩形是最简单和最有用的设计图形，它同建筑原料形状相似，易于同建筑物相配。在建筑物环境中，正方形和矩形或许是景观设计中最常见的组织形式，原因是这两种图形易于衍生出相关图形。矩形的形式尽管简单，它也能设计出一些不寻常的有趣空间，特别是把垂直

因素引入其中，把二维空间变为三维空间以后。如由台阶和墙体处理成的下陷和抬高的水平空间的变化，丰富了空间特性。见图 3-44 至图 3-48。

图 3-44 根据矩形网格引导并结合竖向设计而成的空间，空间层次丰富，独立又有联系，相互辉映。

图 3-45 根据矩形网格引导而成的道路系统和绿地边界，风格简洁但空间层次丰富。

图 3-46　根据矩形网格引导而成的水池边界、道路系统及乔木行列式配置方式

图 3-47　根据矩形网格引导而成的相接空间

图 3-48 根据矩形网格引导和减缺而成的水面和道路，层次更加丰富。

（二）三角形模式

三角形模式有 45°/90°角三角形模式和 30°/60°角三角形模式两种情况。

45°/90°角三角形模式的网格线是把两个矩形的网格线以 45°相交得到基本的模式。见图 3-49 和图 3-50。

图 3-49 三角形网格铺在功能示意图下

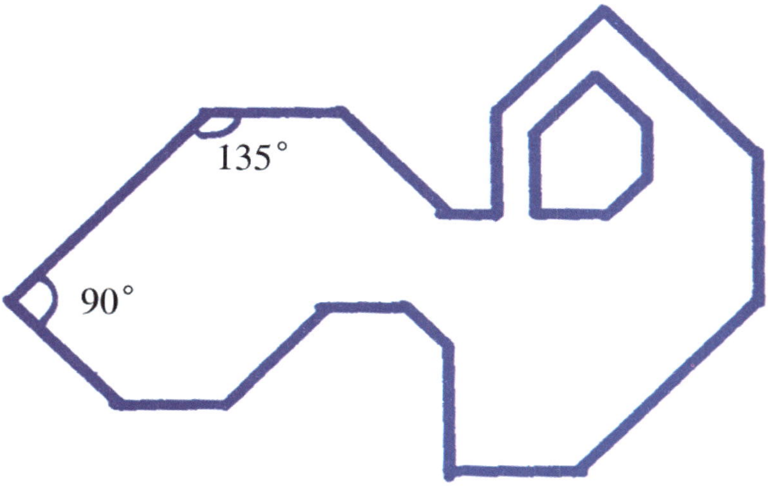

图 3-50　根据三角形网格引导而成的场所空间

30°/60°角三角形模式的网格线可用六边形来组织空间。见图 3-51 至图 3-54。

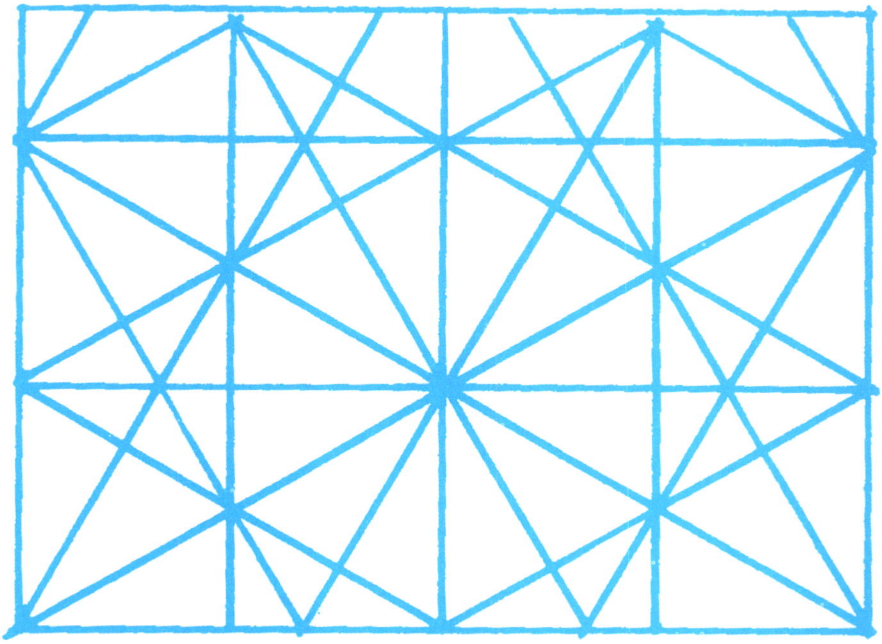

图 3-51　30°/60°角三角形网格

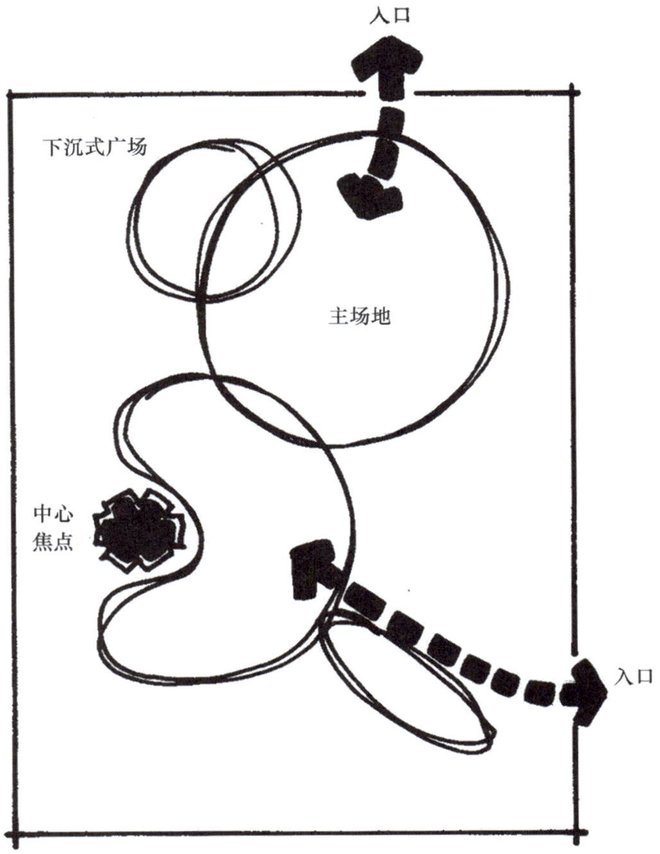

图 3-52 功能示意图(六边形模式)

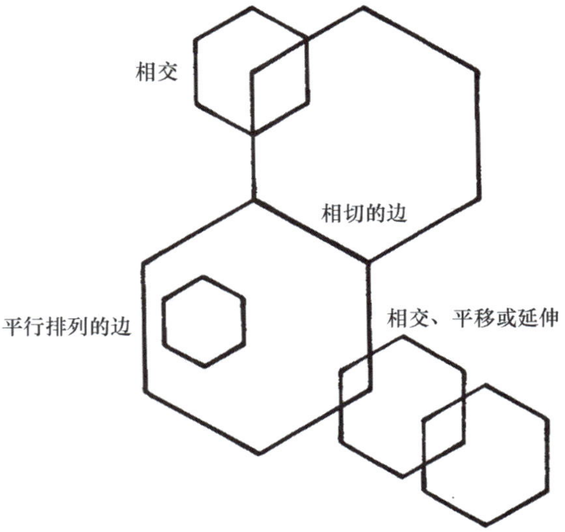

图 3-53 根据六边形引导而成的场所空间

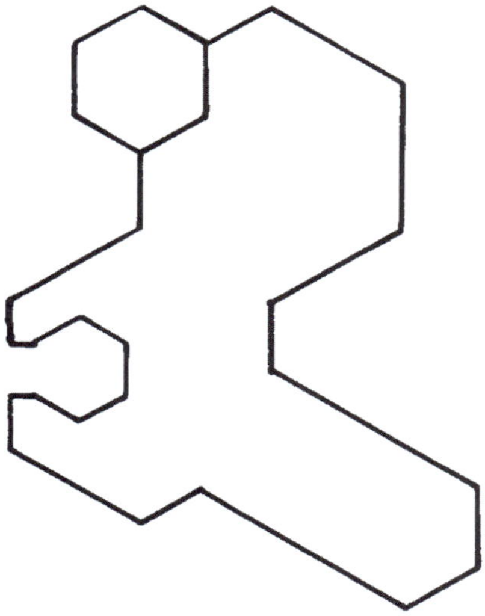

图 3-54　擦去某些线条勾画出的场所边界

三角形模式带有运动的趋势，能给空间带来某种动感，随着水平方向的变化和三角形垂直元素的加入，这种动感会愈加强烈。根据设计需要，可以采取提升或降低水平面、突出垂直元素或发展上部空间的方法来开发三维空间。也可以通过增加娱乐和休闲设施的方法给空间赋予人情味。见图 3-55 至图 3-57。

图 3-55　根据三角形网格引导而成的景观空间，边界更加灵活。

图 3-56 根据六边形引导而成的景观空间

图 3-57 根据三角形网格引导而成的地面铺装

(三)圆形模式

基本的模式是不同尺度的圆相叠加或相交。见图 3-58 和图 3-59。

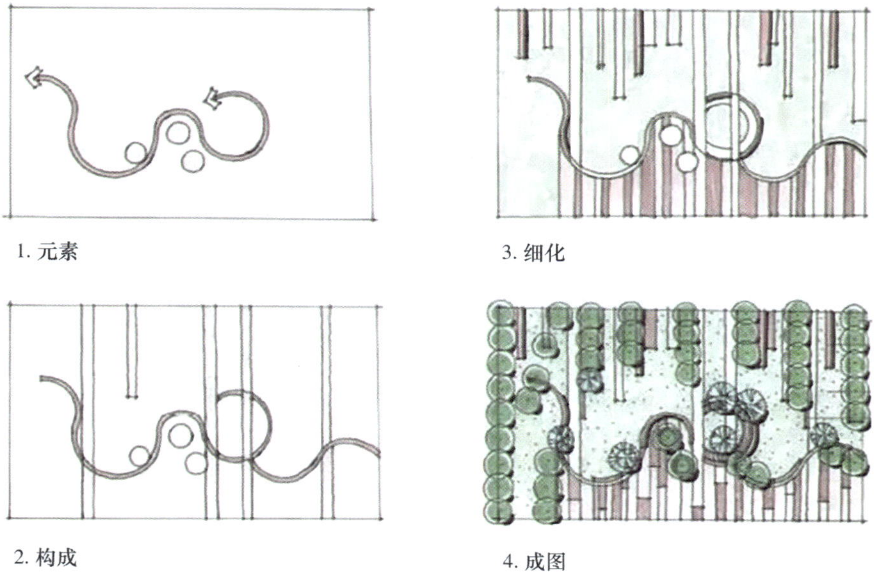

图 3-58　圆形模式构成思路分析(一)

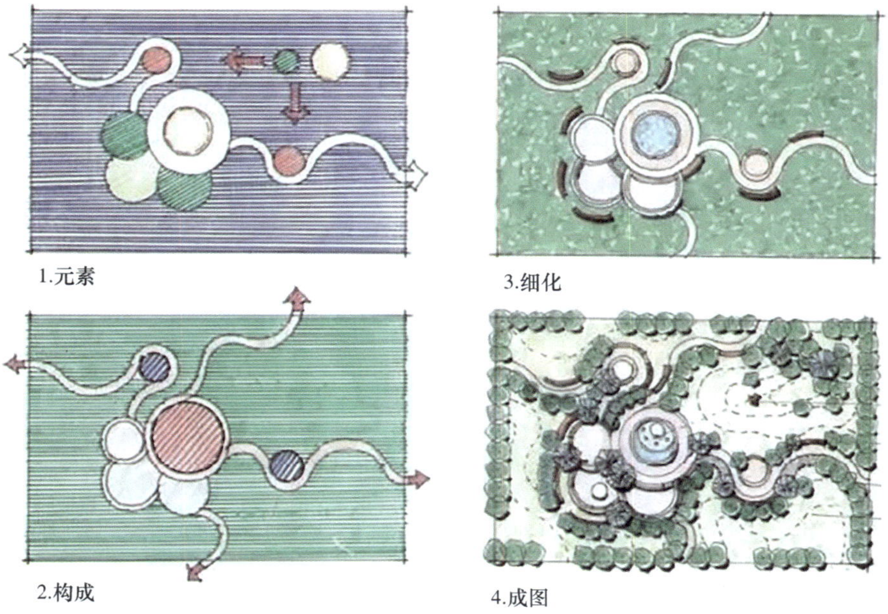

图 3-59　圆形模式构成思路分析(二)

圆的魅力在于它的简洁性、统一感和整体感。圆形最适合空间的限定，一个个大小不同的圆形组成不同的功能，利用曲线形式连接，组成丰富的空间。见图 3-60 至图 3-62。

图 3-60　圆形模式构成的景观空间(一)

图 3-61　圆形模式构成的景观空间(二)

图 3-62　圆形模式构成的景观空间(三)

(四)直线模式

用直线元素划分不同的功能,注意直线的长短、粗细的细节变化,结合使用功能统一设计。见图 3-63 至图 3-66。

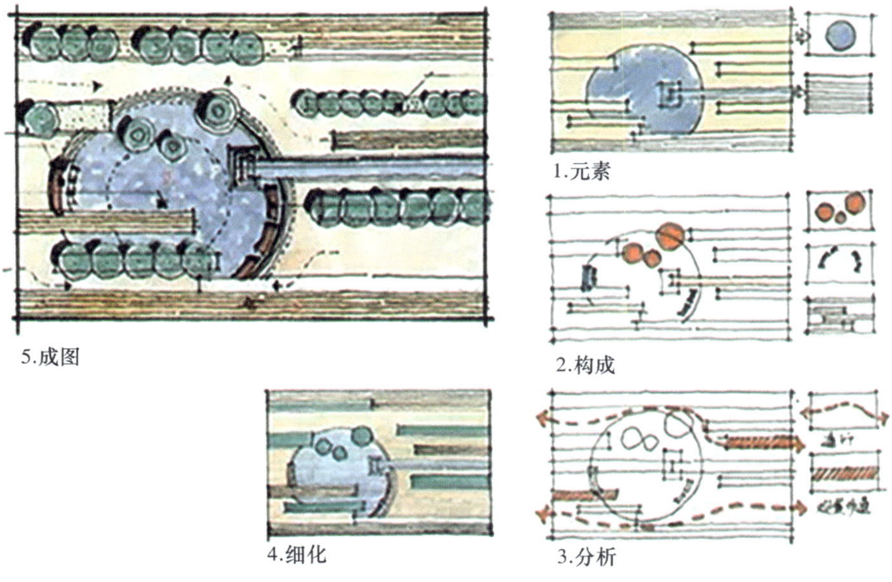

图 3-63　直线模式构成思路分析

图 3-64　直线模式构成的景观空间(一)

图 3-65　直线模式构成的景观空间(二)

图 3-66　直线模式构成的景观空间(三)

(五)曲线模式

曲线形式的灵动性较大,但也较难塑造,适合地形的高差处理方式较多。应注重流畅性和节奏感。见图 3-67 至图 3-69。

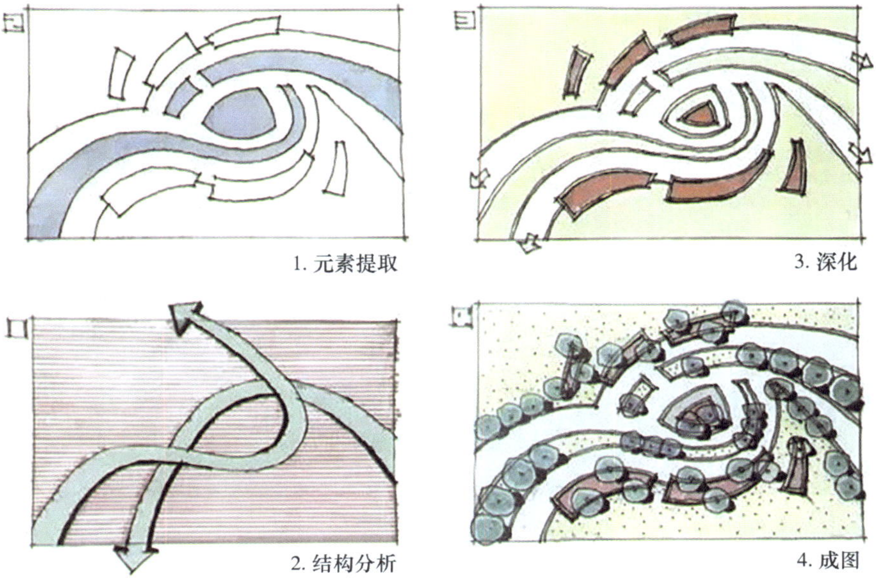

图 3-67　曲线模式构成思路分析

图 3-68 曲线模式构成的景观空间(一)

图 3-69 曲线模式构成的景观空间(二)

(六)折线模式

折线形式最适合小空间的处理，可以把有限的地块处理得变化莫测，可以结合竖向设计。见图 3-70 至图 3-72。

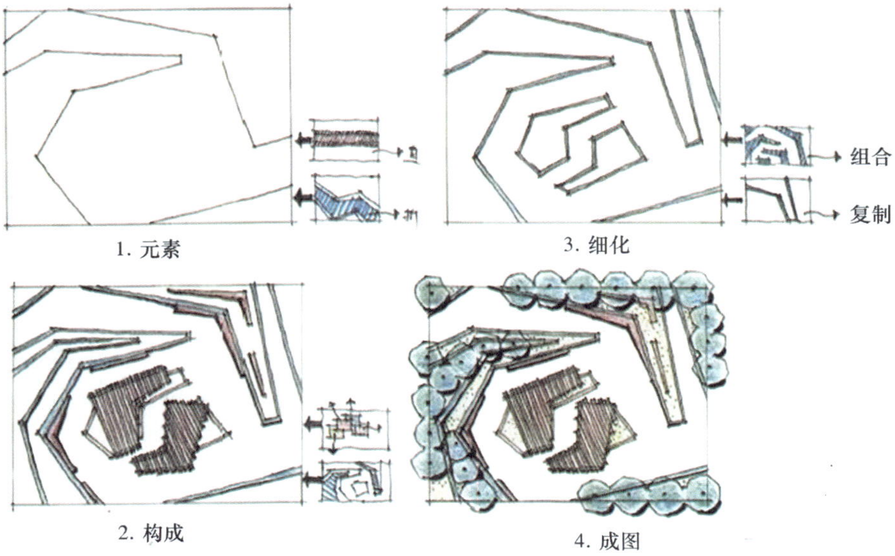

图 3-70　折线模式构成思路分析

图 3-71　折线模式构成的景观空间(一)

图 3-72 折线模式构成的景观空间(二)

(七)点线面结合模式

点线面的结合通常是指由大小不同的块的变化组合成丰富的景观空间，这种方式最为中规中矩，也最好掌握。主要注意块面的结合方式。见图 3-73 至图 3-76。

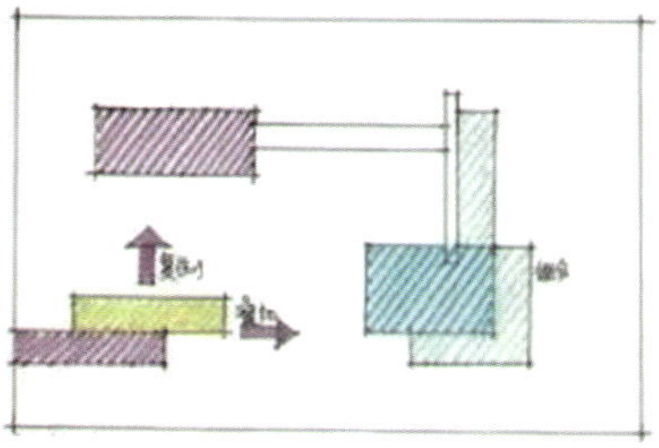

1. 元素

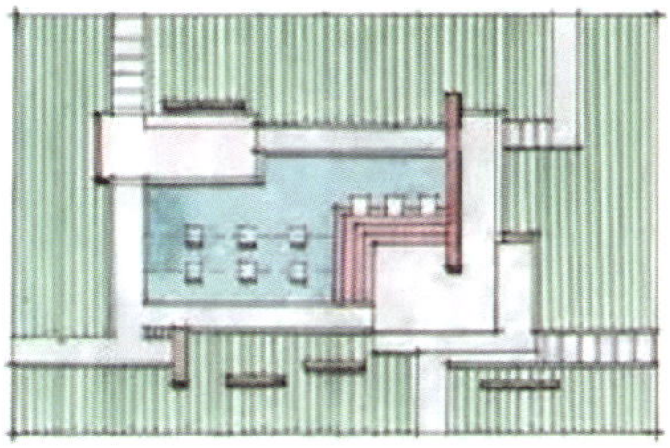

3. 细化

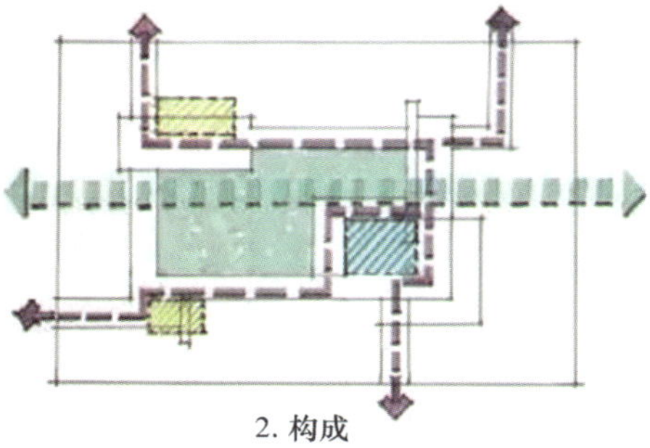

2. 构成

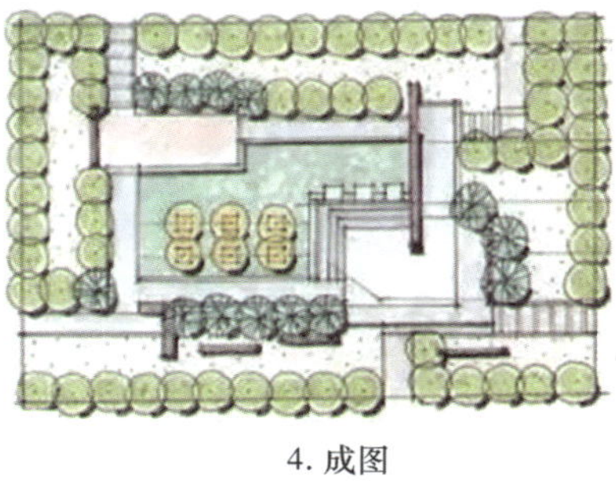

4. 成图

图 3-73 点线面结合模式构成思路分析

图 3-74　点线面结合模式构成的景观空间(一)

图 3-75　点线面结合模式构成的景观空间(二)

图 3-76 点线面结合模式构成的景观空间(三)

项目四

园林景观快题设计

项目引言

设计过程的表现是设计师能力的重要反映，而其中起着决定性作用的是设计师的思维，快题设计的图面上清晰地留有设计师思维活动的轨迹，是其设计能力的反映。在风景园林这个行业中，快题设计其实是司空见惯的，它一般会作为完成设计工作的常见工作方式，或者作为设计者交流的媒介，又或是作为考核设计师水平的方法，还可以作为训练设计能力的手段。所以，快题设计是我们走上设计师这条道路必须要掌握的技能。

学习目标

掌握园林景观快题设计的步骤及要点，能独立进行简单的快题设计。

任务一 园林景观快题设计绘制要点训练

【任务分析】

本任务的学习目的是让学生掌握快题设计的绘制方法，进而为做快题设计打下基础。

【任务目标】

通过本任务的学习，使学生掌握园林景观快题设计图的常用符号以及常用分析图、平面图、剖面图、立面图、透视图的绘制方法。

【任务描述】

1. 任务内容

快题抄绘。

2. 任务标准

构图合理，表现和谐、均衡，图面优美、精细。

3. 考核形式

抄绘一张完整的快题设计。

【案例展示】

快题设计案例示范如图 4-1 所示。

图 4-1　快题设计案例

【学习评价】

快题抄绘评价标准见表 4-1。

表 4-1　快题抄绘评价标准

序号	考核指标	评分标准	分值
1	构图	图面和谐优美，构图严谨	20
2	表达	表达正确、规范，符合制图要求	30
3	字体	结构合理，笔画正确，字体端正	15
4	图面	图面整洁、精细，并完成全部任务	20
5	工作态度	按时按量完成任务	15
		合计	100

【知识链接】

一、分析图的绘制

一般在快题设计中常见的分析图有功能分析图(图 4-2,2～3 种表现方式)、交通分析图(图 4-3)、空间分析图(图 4-4)、景观节点分析图(图 4-5)等。

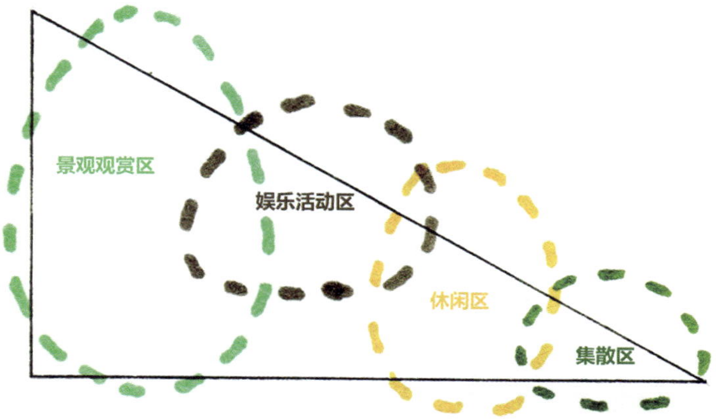

图 4-2　功能分析图

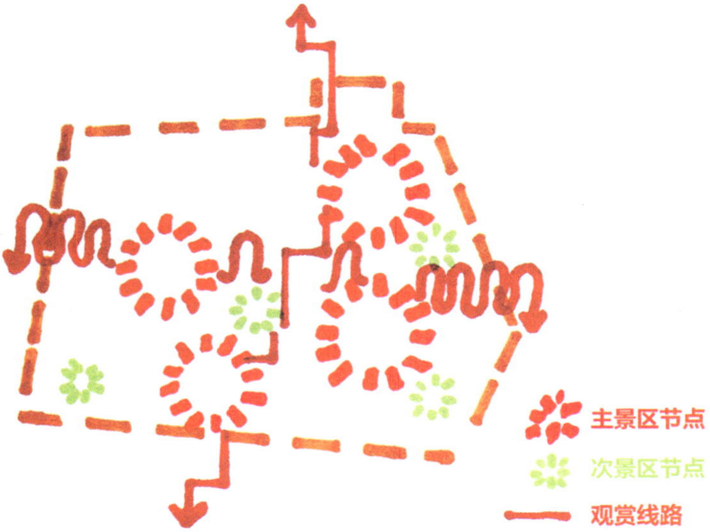

图 4-3 交通分析图

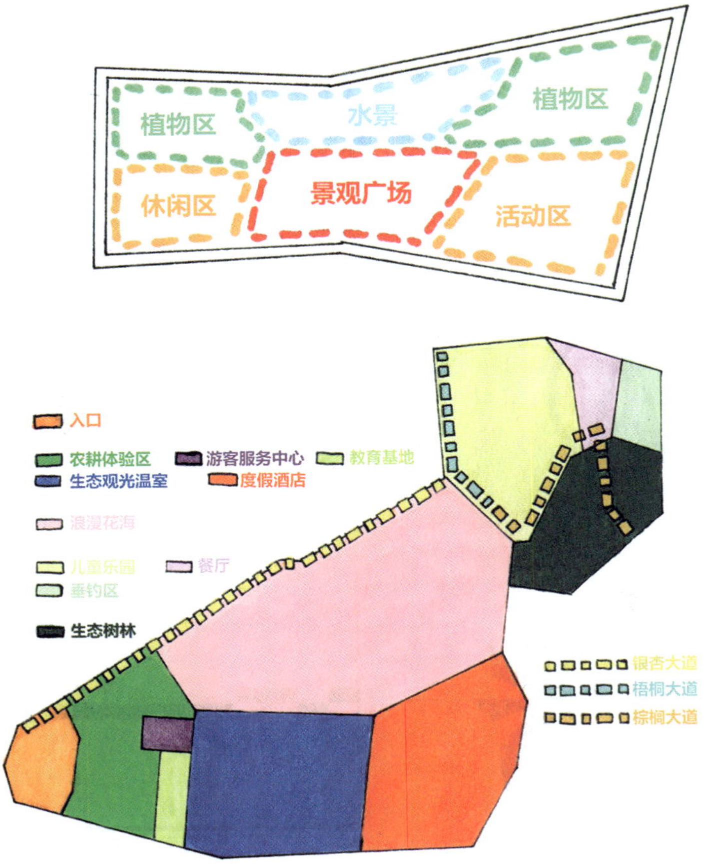

图 4-4 空间分析图

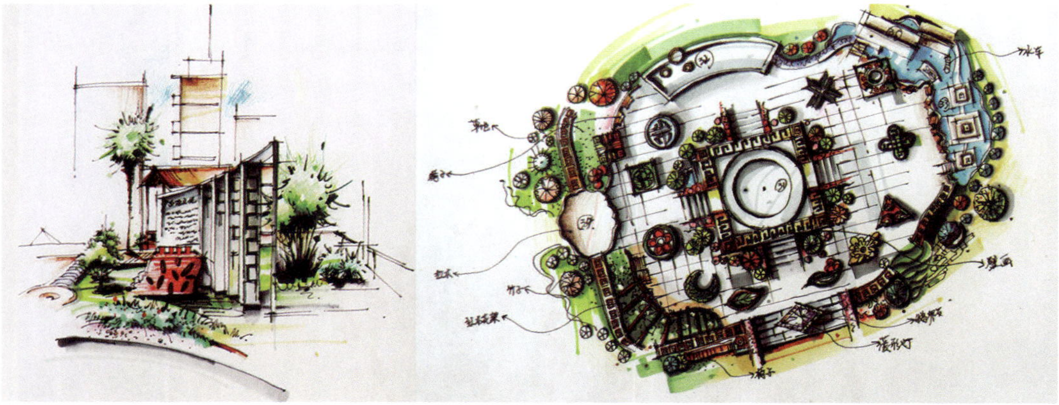

图 4-5　景观节点分析图

二、平面图的绘制

在平面图、立面图、剖面图、鸟瞰图、透视图中，平面图是最重要的。因为整个园林景观设计的平面局部很重要，所有空间的性质、功能、形态都会在平面中表现出来。

我们应从以下几个方面做好准备：

1. 符号图示

快题设计虽然时间紧张，并多数为徒手表现，但并不表示会放松对制图尺度的要求，相反，比例、图标等制图要求是非常重要的，指北针、比例尺及风标玫瑰的画法如图 4-6 所示。

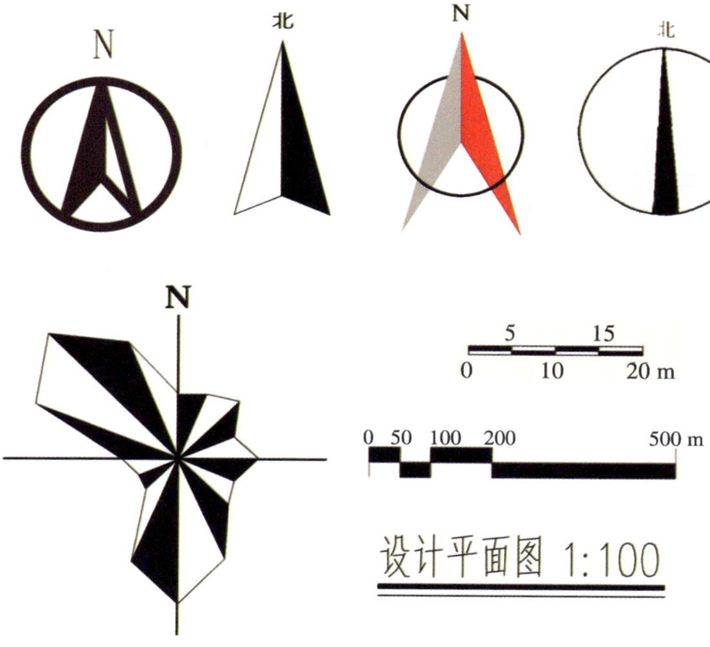

图 4-6　指北针、比例尺及风标玫瑰的画法

2. 线性标识

设计表现中常常以线划定空间，表现物体的体积，还可以表现物体的纹理。但在平面图中的线应严格按制图标准来表现，例如等高线是虚线，建筑的外围轮廓线应加粗等。等高线、水体线、建筑外围轮廓线的画法如图 4-7 至图 4-9 所示。

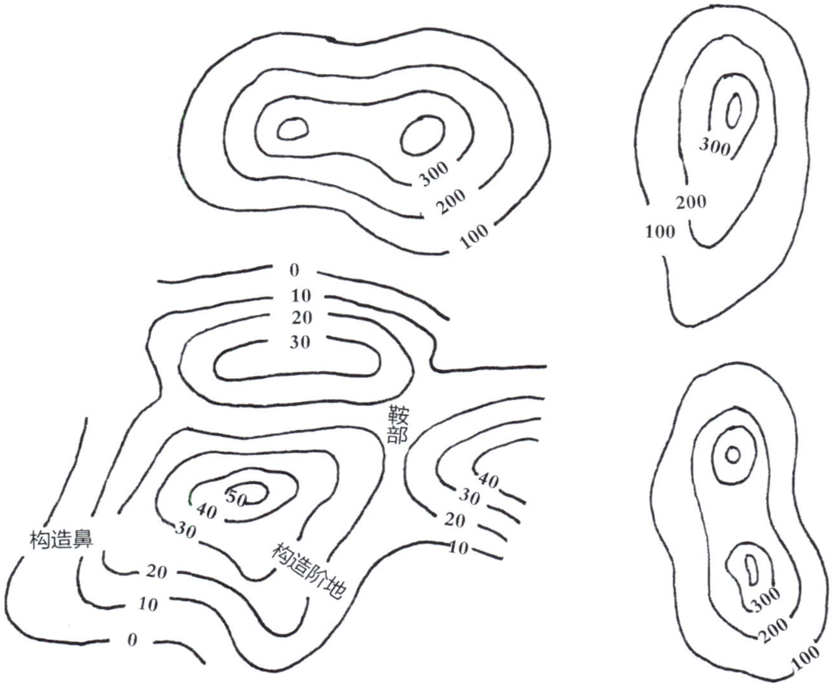

图 4-7　等高线

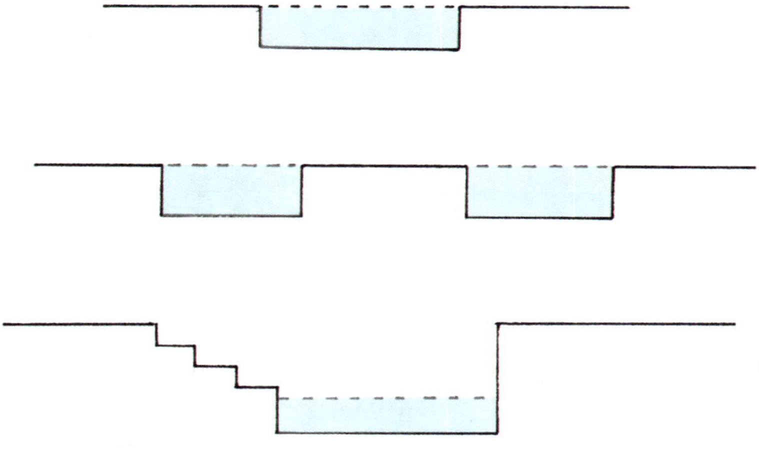

图 4-8　水体线

图 4-9 建筑外围轮廓线

3. 图纸层次

总平面图应遵循先画建筑、再画道路、然后是节点、最后表现环境的次序依次画图。

4. 色彩控制

平面图的整体色调应表达一致，注意色彩搭配。景观轴上的行道树可以用较为突出的颜色上色，以突出景观轴线。

三、立面图、剖面图的绘制

仅用平面图并不能完全表现设计效果，还须加上立面图、剖面图，从立体空间上展示设计效果。立面图和剖面图比平面图更接近现实，更容易让人理解。

四、效果图的绘制

效果图在进行快题设计时临场创作会比较难，占用时间相对较多，所以我们可以先练习几个容易变换的效果图。效果图的绘制最好选择两点透视，图中可有人物、小品、植物等，应增加一些简单的元素，不要添加一些复杂元素，否则会浪费时间，如图 4-10 和图 4-11 所示。

图 4-10 效果图(一)

图 4-11 效果图(二)

五、注意事项

1. 常见园林规范

一级路 6～8 m,二级道路 3～4 m,三级道路 1～2 m。室外座椅的高度一般为 0.38～0.4 m,宽度为 0.4～0.45 m,单人座椅长度为 0.6 m 左右,双人座椅长度为 1.2 m 左右,依此类推。机动车停车位大于 50 个时,出入口不少于 2 个;机动车停车位大于 500 个时,出入口不少于 3 个,出入口宽度不小于 7 m。篮球场的规格为宽 15 m,长 28 m;羽毛球场的规格尺寸为宽 6.10 m,长 13.40 m。

2. 版面设计

两种简单的版面设计样式如图 4-12 和图 4-13 所示。

图 4-12 版面设计样式图(一)

图 4-13 版面设计样式图(二)

任务二 园林景观快题设计分步解析

【任务分析】

园林景观快题设计是指在一定的设计条件下，经过短时间的筹划，将设计意图快速地表达在图纸上。它通常分为场地分析、功能定位、功能布局、景观结构、空间细化、植物配置及地形处理。

通过本任务的学习，其目的是让学生通过园林景观快题设计各个环节的单体练习，进而掌握园林景观快题设计的程序及内容。

【任务目标】

通过本任务的学习，使学生熟悉并掌握园林景观设计的程序，并独立绘制完整的园林景观快题设计图。

【任务描述】

1. 任务内容

快题设计。

2. 任务标准

画面标准，布局合理，功能定位准确，内容完整。

3. 考核形式

(1)在 5 m×6 m 的小花园场地进行方案快题设计。

(2)以 1∶200 的比例绘制现状分析图、景观分区图、交通组织分析图。

(3)以 1∶100 的比例绘制整体平面功能规划图。

(4)以 1∶100 的比例绘制立面图或剖面图，绘制透视图。

(5)写出不少于 200 字的设计说明，设计说明应当包含场地布置的构图与特点以及设计创新点。

(6)统一用 A3 图纸绘制。

【案例展示】

小花园快题设计案例示范如图 4-14 所示。

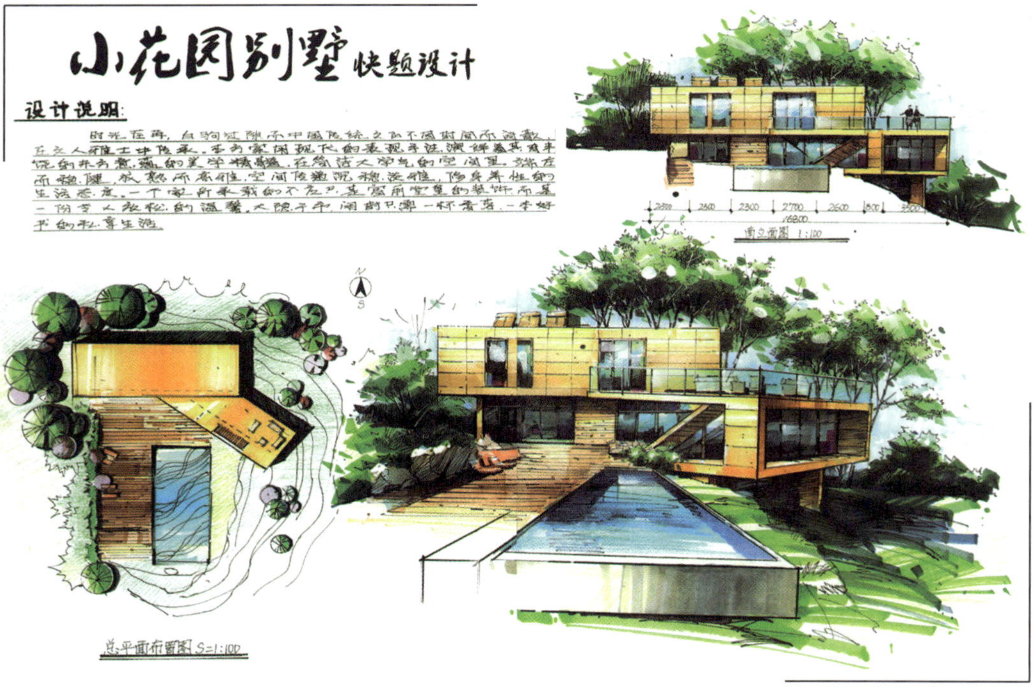

图 4-14　小花园快题设计图

【学习评价】

快题设计评价标准见表 4-2。

表 4-2　快题设计评价标准

序号	考核指标	评分标准	分值
1	版面构图	排版新颖、自然，与主题结合紧密，图面和谐优美，构图严谨	10
2	方案设计	设计内容与任务书要求一致，场地周边环境和内部环境联系紧密，符合相应的设计规范，空间布局合理，功能完善，使用便利，功能和形式匹配较好，能够营造贴近主题的特色空间	15
3	方案表现	方案表达准确、清晰，表现效果突出，氛围渲染到位	45
4	创新能力	功能和形式融合，主题特点鲜明	20
5	工作态度	按时按量完成任务	10
		合计	100

【知识链接】

一、任务分析——解读场地条件与要求

了解场地情况，就是解读设计要求，从任务书、场地概况图等提取出有用的信息。这些信息是设计的出发点，对设计起到关键的指示性作用，场地特有的信息使得设计方案具有其

独特性。

1.用地面积、形状与周边的环境

项目背景、红线范围、用地面积、基地形状、地形是应重点关注的信息，是设计的主题与形式及功能设计的重要依据。

2.服务的对象

设计是为人而设计，应考虑人的使用要求和人的使用安全。不同的人群需要不同的空间功能，应考虑设计所要服务的对象。设计中有些任务书会提出明确的服务对象，而有些需要根据周边的环境自己推敲。

3.当地的自然环境

自然环境的气候、土壤、温度、湿度、季风等是造景元素的主要依据。一般情况下，景观设计在植物的运用方面应考虑南北的差异。如南方的景观设计中在植物的种植方面比较自由、丰富，可选择性较大；而北方对植物种类的选择有一定程度的制约。

4.当地的人文环境

景观设计应该做有主题、有理念的设计。设计的主题、理念则来源于当地的人文环境、历史文化、建筑形式等。

5.特有因素

特有因素包括河道、需要保留的建筑、需要保留的植物等。

二、整体构思——结构和轴线的确定

园林景观快题设计的整体构思是在对场地详细分析的基础上，对用地性质、规模、功能、交通和种植空间提出综合发展目标的过程，其核心是对整体方案的工作过程进行组织和策划，从而有效地完成设计目标。

园林景观的结构由节点、透景线、景区和设计序列构成，是点、线、面有序、和谐、统一结合的布局系统。设计轴线是表现序列关系的重要方式。可以通过对称或不对称的布局方式来均衡结构关系，从而进行节点等级布置，明确主次关系，形成节奏感、韵律感，达到创造优美风景园林效果的目的。

在整体构思时，需要完成以下内容：

(1)设计的文化主题、结构(节点，轴线)、功能分区。

(2)交通组织(主入口、路网分级)。

(3)地形处理(堆山)。

(4)场地的功能及设置(从人的使用角度出发)。

(5)植物种植设计、水岸线的处理、建筑的改造和保留。

三、功能分区——空间与功能的呼应

在整体构思完成之后，需要将规划的功能落实到具体的区域和位置上。以空间和功能为出发点的分区布局就是在确定整体构思后，对不同类型的功能区及交通系统进行细致的推敲，以图面的形式展现出来，这个整体的过程就是功能分区，一般会用功能分区图表达出来。

一个场地往往要具备多种实用功能，需要将这些复杂的功能空间统一组织和安排，使其不会相互干扰并且使用便利。一般说来，功能分区包括三方面内容：区域规模与范围的确定、活动设施的安排及交通的组织。方案的设计需要以功能分区为基本依据逐步展开，不断地细化不同功能场所的空间范围，确定绿地、场地和交通的内容和形式，最后根据对使用人群的喜好和基本需求的判定来布置具体功能设施和造景元素（如植物、花坛、花架、小品和其他构筑物等）。

四、景观结构分析——景观结构与使用需求的结合

景观结构由入口、道路、水系、节点 4 个部分构成。4 个要素之间是动态调整的过程，入口的位置决定了道路的位置，因此入口对景观结构起着重要作用，而道路一般会形成景观轴线，景观轴线往往又连接着各个景观点，如若设计中有水系，则道路、景观点、水系之间又应产生密切的联系。

景观结构是整个设计的“骨骼”，一个好的景观结构有助于设计的整体控制。

景观结构构思原则如下：

（1）主入口一般设在人流量较大的位置，便于人们进入。

（2）设计地块内的道路可以参照其外围周边的道路系统，与周围的路网垂直或平行，让它符合城市肌理，融入环境。

（3）景观节点应有主次之分，而主要节点和主轴应是密切相关的。

（4）景观轴线应起到统领全局、控制空间结构的作用。

（5）应善于应用对景，从而形成虚轴。

（6）景观结构要有一定的秩序感，轴线正是秩序的切入点。

景观结构有 3 种表现形式：自然式、规则式、混合式。单纯的自然式和规则式的景观结构则比较少用，一般“自然式＋规则式”或“混合式”的景观结构运用较多。

五、节点分析——空间内容与景观效果的结合

景观空间是由各种园林设计要素如小品、植物、水体、建筑、山石、地形等构成的空间，它具体会表现为水体空间、草坪空间、广场空间、道路空间等。

空间一般划分为：封闭空间、开放空间、半封闭空间。

空间细化主要是对景观节点进行细化。景观节点的确立只是把节点的位置给定下来，而具体的空间细化还应进一步设计完成。主要的方式有：利用竖向处理空间；利用构筑物、小品围合空间；利用植物围合空间。

六、植物配置——景观效果的强化

植物配置是园林景观设计中的重要环节，按植物的生态习性和景观布局要求，合理配置设计中的各种植物，可以充分发挥它们的观赏性以及功能性。

植物配置一般包括两个方面：一是植物与植物之间的配置，例如乔、灌木的结合，灌木、绿篱的结合等，应从平面、立面的构图，色彩以及季相方面考虑；二是植物与其他要素如山石、水体、建筑、园路等之间的配置。

植物配置有以下 6 点原则：

（1）形态优美　不同冠幅的乔木组合会形成富有动感且优美的林缘线，注意树丛应画得饱满圆润。

（2）疏密原则　植物配置设计中要疏密有致，不应平均对待，切忌太凌乱或太均衡配置。

（3）边缘原则　在配置过程中要注意植物空间的开敞与围合，并应考虑到立面两侧的视觉效果。

（4）层次性原则　植物配置形成草地、疏林、密林多个层次，以达到立面空间景观丰富。

（5）强化景观结构　在景观轴线上种植行道树，可以凸显轴线。

（6）适地适树原则　由于植物生长习性的差异，不同植物对光线、温度、水分和土壤等环境因子的要求不同，抵抗劣境的能力也不同。因此，应针对某地特定的土壤、小气候条件安排相适应的种类，做到适地适树。

参考文献

[1] 王晓俊．风景园林设计．南京：江苏科学技术出版社，2003．

[2] 王蕾．园林设计初步．北京：机械工业出版社，2016．

[3] 格兰特·W．里德．园林景观设计从概念到形式．北京：中国建筑工业出版社，2006．

[4] 全利，杜涛．现代园林景观设计教程．重庆：西南师范大学出版社，2013．

[5] 樊欣．风景园林快题设计案例解析．武汉：华中科技大学出版社，2014．

[6] 谭平安．景观快题设计方案：方法与评析．武汉：华中科技大学出版社，2013．

[7] 张波．设计思维训练——构成与运用．长沙：湖南大学出版社，2013．

[8] 林振德．公共空间设计．广州：岭南美术出版社，2006．

[9] 诺曼·K．布思．风景园林设计要素．北京：中国林业出版社，1989．

[10] 成玉宁．现代景观设计理论与方法．南京：东南大学出版社，2010．

[11] 曹林娣．中国园林艺术概论．北京：中国建筑工业出版社，2009．

[12] 刘滨谊．现代景观规划设计．南京：东南大学出版社，2005．

[13] 吴家骅．环境设计史纲．重庆：重庆大学出版社，2002．

[14] 顾馥保．现代景观设计学．武汉：华中科技大学出版社，2010．